Jacques DELOL

Glossaire

des

ABRÉVIATIONS AÉRONAUTIQUES

(Abréviations - Codes - Sigles - Acronymes)

LA MAISON DU DICTIONNAIRE

98, Boulevard du Montparnasse 75014 Paris Tél. : 01.43.22.12.93 Fax : 01.43.22.01.77

Dépôt légal : 1er trimestre 1997
ISBN : 2-85608-083-9
Code livre :3.12.24.103
Imprimé en france

Merci à :

Christian DOMINIQUE
Stanley FLEUROT
Jean-Luc VINOT

pour leur assistance informatique

Abréviation	:	retranchement de lettres pour écrire certains mots plus rapidement
sigle	:	lettre initiale dont on se sert pour exprimer un mot ou un groupe de mots
code	:	système de symboles permettant de représenter une information
Acronyme	:	mot constitué par les premières lettres des mots qui composent une expression complexe
glossaire	:	ensemble des termes relatifs à une activité donnée.

Préface

Toute activité moderne a son jargon. Le sociologue y voit le souci du secret, voire du sacré. Ce jargon n'est plus composé de mots, mais de plus en plus de codes, de sigles et d'abréviations; les doubles emplois y abondent, et le profane s'y égare trop souvent.

Jacques DELOL, au terme d'une carrière entièrement consacrée à l'aéronautique, nous offre un fil d'Ariane qui aidera le lecteur à mieux s'orienter dans les dédales de l'aviation. Quelque 5.000 sigles et abréviations réunis dans ce recueil nous permettent de mieux comprendre les explications de la littérature technique.

Les difficultés que Jacques DELOL a rencontrées sont importantes : faux amis et homonymes tendent de nombreux pièges. Grâce au glossaire, nous en éviterons beaucoup. Nous lui sommes reconnaissants de nous avoir aidés à les identifier.

Ce document contribue, enfin, à la progression du Français dans le monde de l'aéronautique. Fort de son expérience au sein d'organes officiels de terminologie, l'auteur nous fournit très fréquemment un équivalent français des termes anglo-saxons.

Ayant eu l'avantage de disposer de la maquette de cet ouvrage avant le public, j'en ai déjà fait un usage important. Je souhaite simplement partager cette expérience positive avec les futurs lecteurs, utilisateurs du glossaire. Nul doute que, par leur ajouts personnels, ils apporteront leur propre contribution à son enrichissement ultérieur dans un monde en évolution et en mutation constantes !

Y. LAMBERT
Directeur Général
EUROCONTROL

Avertissement

Les abréviations, sigles, codes et acronymes contenus dans ce glossaire ont trait au vocabulaire de l'**aviation** en abordant des domaines aussi variés que la **navigation aérienne**, **l'informatique aéronautique**, l'**information** et la **cartographie aéronautiques**, **l'exploitation aéroportuaire**, le **contrôle de la circulation aérienne**, l'**infrastructure**, les **télécommunications aéronautiques**, la **météorologie**, l'**acoustique et l'environnement**, ... avec quelques incursions dans le domaine **militaire** et l'**espace**.

Une grande partie de ces éléments sont présentés sous les formes officialisées par des organismes internationaux tels que l'**OACI** (Organisation de l'Aviation Civile Internationale), l'**IATA** (International Airline Transport Association), ... ou nationaux tels que la **DGAC** (Direction Générale de l'Aviation Civile), les autres proviennent de la littérature technique ou de documents administratifs.

L'usage des majuscules et des miniscules, bien souvent anarchique, a néanmoins été respecté. Les codes de la forme F-, 3A-, 7QY-, ... c'est à dire un groupe alphabétique, numérique ou alphanumérique suivi d'un tiret, indiquent la nationalité des aéronefs telle qu'elle figure dans l'immatriculation de l'appareil (ex F-BVBG pour un avion français, I-AFBC pour un italien, ...).

Certains codes, sigles, ... ont pu disparaître, le domaine est très mouvant, mais leur conservation dans ce glossaire a été jugée nécessaire pour la lecture de documents issus d'un passé récent.

Ce glossaire s'adresse en particulier à des **gestionnaires d'aéroports**, à des **agents de compagnies aériennes**, à des **exploitants d'aéronefs**, à des **contrôleurs aériens** ..., en fait à tout curieux des choses de l'air.

Quid de la Normalisation ?

Dans tous les domaines, les abréviations, sigles, codes et acronymes prennent une importance qui ne va pas dans le sens d'une meilleure communication.

Loin de nous la prétention de vouloir tout clarifier, mais lançons quelques idées simples, début de contribution à une souhaitable normalisation.

Pour ce qui est des codes, hermétiques par essence, il est difficile dans ce cas d'être très rationnel. Certains cependant obéissent à une logique de construction, c'est le cas du code de l'OACI pour la désignation des aérodromes (la première lettre désigne la région OACI, la deuxième le pays, la troisième et quatrième correspondent à l'aérodrome, ainsi dans LFPO "L" désigne la région Europe de l'OACI, "F" la France et "PO" Paris-Orly); d'autres, logiques au départ n'ont pu se maintenir dans cette voie, c'est le cas par exemple du code de nationalité des aéronefs ("F-" pour la France, "I-" pour l'Italie, mais "3X-" pour la Guinée ou "7T-" pour l'Algérie pays nouvellement venus dans le domaine aéronautique); quant au code Q il semble totalement arbitraire.

Mais ce qui doit retenir notre attention c'est le cas des sigles, abréviations et acronymes. Là par contre, il est possible de préconiser quelques règles, peu nombreuses, en utilisant les ressources de la typographie.

Le domaine le plus facilement abordable est certes celui des abréviations. Dans ce cas la première lettre du (ou des mots) peut être majuscule mais les suivantes se doivent d'être minuscules. Ainsi "Pkg" évoque plus facilement "Parking" que "PKG" et "CoCoEco" semble mieux adapté pour "la commission consultative économique" que "COCOECO" ou PiRep "pour Pilot Report" que "PIREP".

En effet, les majuscules ne devraient être utilisées que pour les sigles, ainsi "ACP" pour "audio control panel" évite la confusion avec "Acp" pour "acceptation".

Les divergences des comportements nationaux nous font rencontrer des choses aussi étranges que "SARPS" ou "SARPs" pour le pluriel de "SARP" ou "DC-10s" pour des "DC-10"; cet usage est à bannir ainsi que le fait l'OACI dans le domaine des unités.

Plus étrange encore est le phénomène des acronymes; il est sûr que la prononciation en est simplifiée mais qu'en est-il de la compréhension ? Ainsi Radar devient un mot désignant un système, mais lequel ? "RADAR" (qui aurait dû s'écrire RaDAR) évoque mieux la signification "Radio detection and ranging" alors que "Radar" nécessite maintenant une définition.

Voilà jetées en vrac quelques réflexions qui se voudraient être des prémices à une normalisation, non seulement souhaitable, mais nécessaire. Espérons qu'elles éveilleront quelques échos.

J.. D.

142	British Aerospace 142
2T	Canada 3000
310	Airbus A 310
320	Airbus A 320
340	Airbus A 340
340A	SAAB Fairchild 340
3A-	Monaco ==> Monaco
3AR	Action aquitaine de recherches en apesanteur (F)
3B	Mauritius ==> Maurice
3C-	Equatorial Guinea ==> Guinée équatoriale
3D-	Zwaziland ==> Zwaziland
3H	Air inuit
3J	Air alliance
3X-	Guinea ==> Guinée
4L	Air alma
4R-	Sri Lanka ==> Sri Lanka
4W-	Yemen ==> Yémen
4X-	Israel ==> Israël
5A-	Lybian arab jamahiriya ==> Jamahiriya arabe lybienne
5B-	Cyprus ==> Chypre
5H-	United republic of Tanzania ==> République unie de Tanzanie
5N-	Nigeria ==> Nigéria
5R-	Madagascar ==> Madagascar
5T-	Mauritania ==> Mauritanie
5U-	Niger ==> Niger
5V-	Togo ==> Togo
5W-	Samoa ==> Samoa
5X-	Uganda ==> Ouganda
5Y-	Kenya ==> Kenya
6O-	Somalia ==> Somalie
6V-,6W-	Senegal ==> Sénégal
6Y-	Jamaica ==> Jamaïque
707	Boeing 707
727	Boeing 727
727A	Boeing 727/100
727B	Boeing 727/200
737	Boeing 737
737A	Boeing 737/200
737B	Boeing 737/300
737C	Boeing 737/400
737D	Boeing 737/500
747	Boeing 747
747B	Boeing 747B

74L	Boeing 747 SP
74M	Boeing 747
757	Boeing 757
767	Boeing 767
7F	First air
7P-	Lesotho==>Lesotho
7QY-	Malawi ==>Malawi
7T-	Algeria==>Algérie
8P-	Barbados==>Barbade
8Q-	Maldives==>Maldives
8R-	Guyane==>Guyana
9A	Air atlantic
9G-	Ghana==>Ghana
9H-	Malta ==> Malte
9J-	Zambia ==> Zambie
9K-	Kuwait ==> Koweït
9L-	Sierra Leone ==> Sierra Leone
9M-	Malaysia ==> Malaisie
9N-	Nepal ==> Népal
9Q-	Zaire ==> Zaïre
9U-	Burundi ==> Burundi
9V	Air laurentian
9V-	Singapore ==> Singapour
9XR-	Rwanda ==> Rwanda
9Y-	Trinidad and Tobago ==> Trinité et Tobago
A	amber ==> ambre
A	ampere ==> ampère
A&E	architectural and engineering (US)
A-SMGS	avanced,augmented,automated SMGS
A/A	air-to-air ==> radiocommunications air-air
A/C	aircraft ==> aéronef
A/G	air-to-ground ==> radiocommunications air-sol
A/G DL	air/ground data link ==> transmission de données air-sol
A/H	altitude,height ==> altitude,hauteur
A1A	telegraphy without the use of a modulating audio-frequency (by on-off keying) ==> télégraphie sans modulation d'une audio-fréquence (par tout ou rien)
A2-	Botswana ==> Botswana
A2A	telegraphy by the on-off keying ==> télégraphie par manipulation par tout ou rien
A3-	Tonga ==> Tonga
A3A	double sideband telephony ==> téléphonie à double bande latérale
A3XX	Airbus gros porteur
A4	facsimile ==> fac-similé

A4O-	Oman ==> Oman
A5-	Bhutan ==> Bhoutan
A6-	United Arab emirates ==> Emirats Arabes unis
A7-	Qatar ==> Qatar
A9C-	Bahrain ==> Bahreïn
AA	Aerolineas argentinas
AA	American Airlines
AA	American eagle
AA	antenne avancée
AAA	anti aircraft artillery ==> défense anti-aérienne
AAA	Atelier aéronautique alpin
AAAE	American association of airport executives
AAAF	Association aéronautique et astronautique de France
AAAF	Association des assureurs aviation de France
AAATS	australian advanced air traffic system
AAC	Administration de l'aviation civile (Liban)
AAC	aeronautical administration communication
AACI	Airports association council international
AACO	Arab aeronautical carriers organisation ==> Organisation des transporteurs aériens arabes
AACSS	automated access control security system
AAD	Aircraft airworthiness departement
AADS	aircraft activity display system
AAE	Annaba ==> Annaba
AAEC	Airlines electronic engineering committee
AAF	Aigle Azur
AAFTA	Association des anciens du tour de France aérien
AAG	Air Atlantic
AAG	AIS automation group ==> groupe d'automatisation de l'AIS
AAHP	Association aérienne des handicapés physiques (F)
AAI	American aerospace industries
AAIB	Air accident investigation branch (US)
AAIM	airborne autonomous integrity monitoring
AAL	above aerodrome level ==> au dessus du niveau de l'aérodrome
AAM	air-to-air missile ==> missile air-air
AAMA	Association des amis du musée de l'air (F)
AAR	adaptative arrival routes
AAS	advanced automation system (US)
AAS	Austrian air services
AASI	Advanced aerodynamics & structures inc.(US)
AATC	Aeronautical apprentice training center(Chine)
AATD	Aviation applied technology directorate(US)
AB3	Airbus A 300 B

AB4	Airbus A 300
ABC	advanced booking charter ==> vol affrété avec réservation anticipée
ABJ	Abidjan ==> Abidjan
ABL	airborne laser ==> laser aéroporté
ABM,Abm	abeam... ==> par le travers de...
ABN	aerodrome beacon ==> phare d'aérodrome
ABT	about ==> vers
ABTA	Association of british travel agents
ABZ	Aberdeen ==> Aberdeen
AC	aéroclub ==> airclub
AC	Air Canada
AC	airborne computer ==> calculateur aéroporté
AC	alternating current ==> courant alternatif
Ac,AC	altocumulus ==> altocumulus
ACAASOIF	Association des constructeurs amateurs d'aéronefs du sud et de l'ouest de l'ile de France
ACAC	Association of canadian airport communities
ACAP	aviation consumer action project
ACAPA	Association des constructeurs amateurs et pilotes audois(F)
ACARS	aircraft centralized acquisition and reporting system
ACARS	aircraft communication addressing and reporting system
ACAS	airborne collision avoidance system ==> système anticollision aéroporté
ACB,Acb	aéroclub ==> flying club
ACC	air combat command
ACC ==> CCR	area control centre ==> centre de contrôle régional
ACCC	area control computer complex (US)
ACCI	aéroport communautaire à caractére international
ACCID	notification of an aircraft accident ==> notification d'un accident d'aviation
ACCS	aerospace control and command system (OTAN)
ACCS	air command and control system
ACCTA	Association canadienne des contrôleurs du trafic aérien
ACDB	airport characteristics data bank ==> banque de données des caractéristiques des aéroports
ACDF	Aéronautique club de France
ACE	advanced composite evaluator(Pilatus)
ACE	air cargo equipment
ACE	European community's independant airline association
ACERAN	Association des contrôleurs,électroniciens et techniciens retraités de l'aéronautique nord(F)
ACES	Aerolineas centrales de Colombia
ACF	Aéroclub de France
ACF	area control facility

ACFT,Acft	aircraft ==> aéronef
ACFTL	American council on the teaching of foreign languages
ACG	ATS concept working group ==> groupe de travail sur le concept ATC
ACI	Air Calédonie International
ACI	Airports council international
ACI	Association cartographique internationale
ACK	acknowledge ==> accusez réception
ACL	altimeter chek location ==> emplacement destiné à la vérification des altimètres
ACLS	air cushion landing system
ACLS	automatic carrier landing system
ACM	advanced cruise missile
ACM	air cycle machine ==> groupe de réfrigération de bord
ACN	ACN group (OACI) ==> Groupe ACN
ACN	aircraft classification number ==> numéro de classification d'aéronef
ACNSS	advanced communications,navigation and surveillance system
ACP	ACARS compatible process
ACP	air conditioning pack
ACP	audio control panel
ACP,Acp	acceptance ==> acceptation,accepté
ACPA	Association carcassonnaise du patrimoine aéronautique(F)
ACPT,Acpt	accept,accepted ==> acceptez,accepté
ACRAA	Association de constructeurs de répliques d'avions anciens (F)
ACRV	assured crew return vehicle
ACS	air combat simulator ==> simulateur de combat aérien
ACS	armament control system
ACSR	active control of structural response
ACSSP	air carrier standard security program (US)
ACT	Aerospace composite technologies (US)
ACT,Act	active,activated,activity ==> en service,en activité,activité
Actac	Association des cyclotouristes de l'aviation civile (F)
ACTD	advanced concept technology demonstration
ACTE	Association of corporate travel executives
ACTIM	Agence pour la coopération technique,industrielle et économique(F)
ACTS	advanced communications technology satellite
AD	air defence
AD	airport design group (OACI)
AD,Ad	aerodrome ==> aérodrome
AD ==> CN	air worthiness ==> consigne de navigabilité
ADA	advisory area,advisory airspace ==> région à service consultatif,espace à service consultatif
ADAAPS	aircraft data analysis and presentation system
ADAC,adac	cf.STOL

ADAK	Association pour le développement des aéronefs en kit (F)
ADAMS	airborne data analysis and monitoring system
ADAPT	ATS data acquisition,processing and transfer panel ==> groupe d'experts sur la saisie,le traitement et le transfert de données ATS
ADAS	AWOS data acquisition system
ADAV,adav	cf.VTOL
ADC	aerodrome chart ==> carte d'aérodrome
ADC	Aéroports du Cameroun
ADC	air data computer
ADC ==> CAN	analog to digital converter ==> convertisseur analogique numérique
ADDIM	Association pour le développement et la diffusion de l'information militaire(F)
ADDN,Addn	addition,additional ==> addition,supplémentaire
ADE	Aden ==> Aden
ADEMA	Aéroports de Madagascar
ADEOS	advanced earth observing satellite
ADES	Aerolineas del este (Colombie)
ADEXP	ATC data exchange protocol,ATS data exchange presentation
ADF	automatic direction finding equipment,automatic direction-finder ==> radiogoniomètre automatique
ADG	accessory-drive generator
ADI	altitude,director indicator
ADI	Australian defence industry
ADIDS	aeronautical digital information display system
ADIMAC	Association pour le développement industriel du Massif central (F)
ADIRS	air data inertial reference system
ADISP	automatic data interchange systems panel ==> groupe d'experts sur les systèmes automatiques d'échange de données
ADIZ	air defence identification zone ==> zone d'identification de défense aérienne
ADJ,Adj	adjacent ==> adjacent
ADM	Aéroport de Montréal
ADO	exploitation aux aérodromes
ADP	advanced ducted-propeller
ADP	Aéroports de Paris
ADP	automated data processing ==> traitement automatique des données
ADR	adaptative departure route
ADR	advisory route ==> route à service consultatif
ADREP 2000	accident data reporting group (OACI)
ADS	automatic dependent system,automatic dependent surveillance ==> surveillance dépendante automatique
ADS,Ads	address ==> adresse
AdSAM	advanced surface-to-air missile
ADSEL,DABS	address selectable (UK),discret address beacon system (US)

ADSF	ADS function ==> fonction ADS
ADSP	automatic dependant surveillance panel ==> groupe d'experts sur la surveillance dépendante automatique
ADV	Association des aéroports allemands
ADVOCNAR	Association du val d'Oise contre les nuisances aériennes de Roissy(F)
ADZ	advise ==> rendez compte
Aé	phare marin utilisable par les navigateurs aériens ==> marine beacon for use by airmen
AE	agent d'exploitation
AEA	Association of european airlines
AEB	active electronic buoy
AEC	American eurocopter corp.
AECMA	Association européenne de constructeurs de marériel aérospatial ==> European association of aerospace manufacturers
AEDC	Arnold engineering development center
AEDC	Asia's emerging dragon corporation
AEDEC	Arnold engineering development center(US)
AEDECO	Aeronautical design company(F)
AEEC	airlines electronic engineering committee(US)
AEF	air experience flight
AEGIS	ATM european group for improvment of scenarios
AELE	Association européenne de libre échange
Aém	aéromodélisme ==> model aircraft flight
AENA	Aéropuertos espanoles y navigacion aerea ==> Régie des aéroports espagnols
AEOS	aircraft equipment overhauls and sales
AERA	automated en-route air traffic control
AERMAC	aeronautical message and communication centre
Aeromedevac	medical evacuation ==> evacuation médicale aérienne
AES	aircraft earth station
AEW	airborne early warning
AF	Air France
AF	airways facilities
AF	audiofréquence
AFA	Association of flight attendants(US)
AFB	air force base(US)
AFC	Airbus finance company
AFCAS	automatic flight control and augmentation system
AFCG	air flow composite group(US)
AFCS ==> CADV	automatic flight control system ==> commande automatique de vol
AFCU	air flow control unit ==> dispositif de contrôle du débit d'air
AFD	analyse fonctionnelle détaillée
AFECO	air force electronic combat office(US)
AFFF	agent formant film flottant

AFGATE	AFTN gateway
AFH	air feed hole ==> orifice d'alimentation en air
AFHE	air fuel heat exchanger
AFI	Africa Indian ocean region ==> région Afrique océan indien
AFI	Air France industries
AFIL	flight plan filed in the air ==> plan de vol déposé en vol
AFINAC	Association française des ingénieurs de l'aviation civile
AFIS	aerodrome flight information service ==> service d'information de vol d'aérodrome
AFIS	airborne flight information system
AFM	yes,affirm,affirmative,that is correct ==> oui,d'accord,affirmatif,c'est exact
AFP	area forecast panel
AFPM	Association française des pilotes de montagne
AFR	Air France
AFRICAS	analyse fonctionnelle et répartition interactive pour la conception des systèmes
Afristar	african satellite ==> satellite africain
AFS	automatic flight system
AFS ==> SFA	aeronautical fixed service ==> service fixe aéronautique
AFSPACECOM	airforce space command(US)
AFSS	automated flight service station (US)
AFSWITCH	AFTN message switch
AFT	after... ==> après...
AFTERM	AFTN terminal ==> terminal RSFTA
AFTN ==> RSFTA	aeronautical fixed telecommunication network ==> réseau du service fixe des télécommunications aéronautiques
AFVA	Association française de voltige aérienne ==> French aerobatic association
AGA	aerodromes,air routes and ground aids ==> aérodromes,routes aériennes et installations ou aides au sol
AGA	Aerospatiale general aviation subsidiary
AGA	Agadir ==> Agadir
AGECS ==> ESMA	Agence européenne de contrôle par satellite ==> European satellite monitoring agency
AGEPAC	Association générale des élèves pilotes de l'aviation civile (F)
AGF	Agen ==> Agen
AGL	above ground level ==> au-dessus du niveau du sol
AGN	again ==> à nouveau
AGORA	association de GEODE organisée en réseau et administration de PHIDIAS ==> association of GEODE organized as a network and aministration of the PHIDIAS site
AGP	Malaga ==> Malaga
AGREE	advisory group on reliability in electronic equipment(US)

AGTS	automated guideway transit system
AGW	aircraft gross weight
Ah	ampere-hour ==> ampère-heure
AH	Air Algérie
AH-DE	groupe ad hoc de spécialistes de la détection des explosifs
AHC	aileron hydraulic compensator
AHRS	altitude,heading reference system
AI	Air India
AI	artificial intelligence ==> intelligence artificielle
AIA	Aerospace industries of America
AIA	Aerospace industry association
AIA	Associazone industrie aerospaziali
AIA	atelier industriel de l'air(F)
AIAC	Aerospace industries association of Canada
AIC	aeronautical information circular ==> circulaire d'information aéronautique
AIC	Airline industry council(Japon)
AICC	aviation industry computer-based training committee(US)
AIDA	airline integrated data application
AIDAA	Associazone italiana di aeronautica i astronautica
AIDC	Aero-industry development center (Taïwan)
AIDS	airborne integrated data system ==> système embarqué d'acquisition et d'enregistrement des données
AIEWS	advanced integrated electric warfare system
AIG	accident investigation and prevention ==> enquêtes et prévention des accidents
AIM	accident investigation methodology group (OACI)
AIMS	aircraft integrated management system
AINLF	Association internationale des navigants de langue française
AIOA	Aviation insurance offices' association
AIP	aeronautical information publication ==> publication d'information aéronautique
AIP	airport improvement programme (US)
AIPC	Association des ingénieurs des ponts et chaussées (F)
AIR	airworthiness committee ==> comité de navigabilité
AIR	groupement Aérospatiale,TAT,Indo Suez bank
AIRAC	aeronautical information regulation and control ==> régularisation et contrôle de la diffusion des informations aéronautiques
AIRASA	Aerospace industry representative association of South Africa
AIREP	air-report ==> compte rendu en vol
AIRES	Aérovias de integracion regional SA (Colombie)
AIS	active isolation system
AIS ==> SIA	aeronautical information service ==> service de l'information aéronautique

AISG	AIS group ==> groupe de travail AIS
AIST	Agency of industrial science and technology(Japon)
AIT	automated information transfer
AJA	Ajaccio ==> Ajaccio
AJPAE	Association des journalistes professionnels de l'aéronautique et de l'espace(F)
ALA	alighting area ==> aire d'amerrissage
ALAT	aviation légère de l'armée de terre(F) ==> field army light aviation
ALC	aerospace lighting system (US)
ALC	air logistics center (US)
ALC	Alicante ==> Alicante
ALD	alignement de descente
ALENA	accord de libre échange nord-américain
ALERFA	alert phase ==> phase d'alerte
ALESIA	automatisation des liaisons et de l'exploitation du SIA (F)
Alexis	array of low energy X-ray imaging sensors satellite (US)
ALFS	airborne low frequency sonar
ALG	Alger ==> Algiers
ALH	advenced light helicopter ==> helicoptère léger de technologie avancée
ALP	alignement de piste
ALPA	Airline pilots association (US)
ALR	alerting ==> alerte
ALS	advanced landing system ==> système d'atterrissage de technologie avancée
ALS	approach lighting system ==> dispositif lumineux d'approche
ALSIP	approach light system with sequenced flashing lights
ALT,Alt	altitude ==> altitude
ALTA	avion léger de technologie avancée ==> advanced light aircraft
ALTN,Altn	alternate aerodrome ==> aérodrome de dégagement
ALTN,Altn	alternate,alternating ==> alternatif
ALTOS	airborne laser turbulence observation system(US)
ALU ==> UAL	arithmetic logic unit ==> unité arithmétique logique
AM	Aérovias de Mexico
AM	amplitude modulation ==> modulation d'amplitude
AMA	area minimum altitude ==> altitude minimale régionale
AMASCOS	airborne maritime situation-control system (F)
AMASS	airport movements area safety system
AMC	air mobility command(US)
AMCP	aeronautical mobile communications panel ==> groupe d'experts en communications du service mobile aéronautique
AMD,Amd	amend,amended ==> amendez,amendé
AMECO	Aircraft maintenance and engineering company(Chine)
AMEL	aircraft maintenance engineers licensing group (OACI)

AMFA	Aircraft mechanics fraternal association
AMHS	ATS message handling system
AMI	Aeronautica militare italiana
AMI	Airline mutual insurance
AMIAC	Association malgache des ingénieurs de l'aviation civile
AMIP	airline manufacturing and inspection programme
AMLCD	active matrix liquid crystal display
AMM	Amman ==> Amman
AMO	Asset management organization
AMPESCO	Aviation management and personnel service company (US)
AMR	American Airlines
AMRAAM	advanced medium range air-to-air missile
AMRAI	American regional aircraft industry
AMS	aeronautical mobile service ==> service mobile aéronautique
AMS	aircraft management simulator
AMS	aircraft management system
AMS	Amsterdam ==> Amsterdam
AMSAR	airborne multirole solidstate active-array radar (US)
AMSC	american mobile satellite
AMSL	above mean sea level ==> au-dessus du niveau moyen de la mer
AMSS ==> SMAS	aeronautical mobile satellite service ==> service mobile aéronautique par satellite
AMU	audio management unit
AMV	atterrissage par mauvaise visibilité
An	Antonov
AN1	Antonov 12
ANA	All Nippon Airways
ANAA	Association nationale des agents AFIS (F)
ANAE	Académie nationale de l'air et de l'espace (F)
ANAFACEM	Association nationale des anciens fonctionnaires de l'aviation civile et de la météorologie(F)
ANAROM	Airfields national authority of Romania
ANC	active noise control
ANCAT	Aeronautical noise caused by air traffic panel ==> Groupe de travail sur la réduction des nuisances causées par le transport aérien
ANEF	courbe d'exposition au bruit prévue (Australie)
ANG	Air national guard(US)
ANK	Ankara ==> Ankara
ANM	ATFM notification message
ANNG	anti navire nouvelle génération ==> new generation antiship
ANP	air navigation plan ==> plan de navigation aérienne
ANPI	Association nationale des pilotes instructeurs (F)
ANRT	Association nationale de la recherche technique-Europe
ANS	answer ==> répondez

ANS	anti navire supersonique ==> supersonic antiship
ANSA	Aerolineas nacionales SA(Panama)
ANTAU	Air and navigational transport agency of the Ukraine
ANTIM	Agence nationale de transport intermodal (F)
ANVAR	Association nationale pour la valorisation de la recherche (F)
AO	Aviaco
AOA	angle of attack ==> angle d'attaque
AOC	aerodrome obstacle chart ==> carte d'obstacles d'aérodrome
AOC	aeronautical operational communication
AOC	air operator certificate ==> permis d'exploitation aérienne
AOC	application oriented computer ==> microcontrôleur
AOCC	air operations control center
AOCP	Airline operators committee Paris
AoI	area of interest
AOI	Arab organisation for industrialization
AOM	Air Outre-Mer
AOP	aeromobility programme
AOP	air observation post
AOP	exploitation technique des aérodromes
AOPA	Aircraft owners and pilots association
AP	ammonium perchlorate ==> perchlorate d'ammonium
AP	autorisation de programme
AP,Ap	airport ==> aéroport
AP-	Pakistan ==> Pakistan
AP ==> PA	auto-pilot ==> pilote automatique
APA	Athis-Paray aviation(F)
APAC	Australasian pacific aviation consultants
APAF	Association des pilotes de formules (F)
APANPIRG	Asia/Pac air navigation planning and implementation regional group (OACI)
APAR	active phased-array radar
APAS	automatic position advisory system
APATSI	airport and air traffic systems interface
APAVE	Association des propriétaires d'appareils à vapeur électriques
APB	Air Atlantique Air Pub
APC	aeronautical plotting chart ==> carte générale aéronautique
APCA	Association professionnelle de la circulation aérienne (F)
APCER	Association professionnelle canadienne de l'exploitation radio
APCH,Apch	approach ==> approche
APCT	Association professionnelle des pilotes des corps techniques de la navigation aérienne(F)
APD	avant projet détaillé
APEC	Asia-Pacific economical cooperation ==> coopération économique Asie-Pacifique

APELNA	Association pour la protection de l'environnement et la limitation des nuisances aéronautiques(F)
APF	Association des pilotes françaises
APFA	Association of professional flight attendants
APFD	autopilot flight director
APG	air promotion group
API	approche interrompue
API	automate programmable industriel
APIC	Auxiliary power international co.
APIN	approche indirecte ==> circling approach
APL	advanced programming language
APM	attached pressurized module
APM	automated people mover
APMS	automatic performances measuring system
APNA	Association des professionnels navigants de l'aviation (F)
APNFA	Association du personnel navigant français formé en Amérique
APP	Assistance Paris-province(F)
APP,App	approach control office,approach control,approach control service ==> bureau du contrôle d'approche,contrôle d'approche,service ou centre du contrôle d'approche
APPA	Association des pilotes et propriétaires d'avions (F)
APPR	approche de précision ==> precision approach
APR	Air Provence international
APR	cf.VAP
APR,Apr	april ==> avril
APRS	approbation pour remise en service
APRX,Aprx	approximate,approximately ==> approximativement
APS	aircraft prepared for service
APS	airway planning standard (US)
APS	avant projet sommaire
APSAT	Asia-Pacific satellite
APSG	after passing... ==> après avoir franchi...
APT	automatic picture transmission
APU ==> GAP	auxiliary power unit ==> groupe auxiliaire de puissance
APV	approve,approved,approval ==> approuvez,approuvé,approbation
AR	Aérolineas Argentinas
ARACOR	Advanced research and applications corporation (US)
ARAD	Aeronautical research association
ARC	area chart ==> carte régionale
ARC	Association professionnelle des représentants des compagnies aériennes en France
ARCA	Atelier régional de construction amateur(F)
ARCH	agricultural remote controlled helicopter
ARCP	aerodrome reference code panel ==> groupe d'experts sur le système

	d'identification des caractéristiques d'aérodromes
ARCP	air refueling control point
ARDHAN	Association pour la recherche et la documentation sur l'histoire de l'aéronautique navale(F)
ARF	airport reservation function
ARFOR	area forecast ==> prévision de zone
ARI	American-russian industry
ARI	Aviation ressources inc. (US)
ARIA	Aeroflot Russian International Airline
ARIAS	always remember instructor's advice ==> n'oubliez jamais le conseil de l'instructeur
ARINC	Aeronautical radio incorporated (US)
ARIP	air refueling initial point
ARL	Aeronautical research laboratory(Australie) ==> Laboratoire de recherche aéronautique
ARM	anti radar missile ==> radar anti missile
ARN	ATS route network ==> routes ATS et moyens de navigation associés
ARNG	arrange... ==> prenez des dispositions pour...
ARO ==> BDP	air traffic services reporting office ==> bureau de piste
ARP	aerodrome reference point ==> point de référence d'aérodrome
ARP	air-report ==> compte-rendu en vol
ARPA	Advanced research projects agency(US)
ARQ	automatic error correction ==> correction automatique des erreurs
ARR,Arr	arrive,arrival ==> arrivez,arrivée
ARRCOS	arrival control system (D)
ARS	special air-report ==> compte rendu en vol spécial
ARSR	air route surveillance radar ==> radar de surveillance en route
ARST	arresting ==> (dispositif)d'arrêt
ARTA	Association of retail travel agents
ARTAS	advanced radar tracker and server,ATC radar tracker and server
ARTCC	air route traffic control center ==> centre de contrôle en route
ARTS	automated radar terminal system (US)
ARWO	airport weather observation system
AS	advanced system
As,AS	altostratus ==> altostratus
ASA	Acoustical society of America
ASA	Aeropuertos y sevicios auxiliares(Mexique)
ASAA	Association des entreprises de transport aérien du sud de l'Asie
ASACEM	Association sportive de l'aviation civile et de la météorologie(F)
ASAR	advanced SAR
ASAT	anti satellite ==> anti satellite
ASATA	Allied signal air transport avionics
ASC,Asc	ascent to...,ascending to... ==> montez vers...,,je monte jusqu'à...
Ascat	advanced wind scatterometer

ASCII	american standard code for information interchange
ASCV	augmented satellite launch vehicle
ASD	aircraft situation display
ASDA	accelerate-stop distance available ==> distance utilisable pour l'accélération-arrêt
ASDACEM	Action sociale de l'aviation civile et de la météorologie (F)
ASDE	airport surface detection equipment ==> équipement de détection à la surface des aérodromes
ASDIT	Association pour la sauvegarde et le développement d'Air Inter(F)
ASE	Aero systems engineering
ASE	airborne support equipment
ASE	automatic stabilisation equipment
ASE	aviation survavibility equipment
ASE	cf.ESA
ASEAN	association des nations de l'Asie du sud-est
ASECNA	Agence pour la sécurité de la navigation aérienne en Afrique et à Madagascar ==> Agency for the security of air navigation in Africa and Madagascar
ASFC,ASfc	above surface ==> au-dessus de la surface
ASI	Agence spatiale italienne
ASI	aire à signaux ==> signal area
ASI	airspeed indicator
ASIA-PAC	Asia-Pacific ==> Asie-Pacifique
ASIR	airspeed indicator reading
ASLP	air-sol longue portée ==> long range air-to-ground
ASM	air-to-surface missile ==> missile air-surface
ASM	airspace management ==> gestion de l'espace aérienne
ASM	available seat mile
ASMAC	automated system for the management of aeronautical information and aeronautical charting
ASME	American society of mechanical engineers
ASMT	airspace management ==> gestion de l'espace aérien
ASN	Air Service Nantes
ASOS	automated surface observing system
ASP	arrival sequencing system
ASPH,Asph	asphalt ==> asphalte
ASPIO	assistance for single pilot IFR operation
ASPJ	advanced self-protection jammer,airborne self-protection jammer
ASPP	aeronautical system planning panel ==> groupe d'experts sur la planification des systèmes du service fixe aéronautique pour les échanges de données
ASR	airport surveillance radar ==> radar de surveillance d'aéroport
ASRC	Aviation systems research co. (US)
ASRS	aviation safety reporting system

ASSAD	Association des motoristes aéronautiques de la CEI
AST	Airbus super transporter ==> super transporteur Airbus
ASTA	Aerospace technologies of Australia
ASTA	airport surface traffic automation
ASTA	American society of travel agents
ASTE	advanced strategic and tactical infrared expendables
ASTE	Association pour le développement des sciences et techniques de l'environnement(F)
ASTERIX	all purpose structured EUROCONTROL radar information exchange
ASTOL	advanced short take-off and landing
ASTOR	airborne stand-off radar (US)
ASTOVL	advanced short take-off and vertical landing
ASTRA	groupement d'experts sur l'application des techniques spatiales à l'aviation
ASTREE	affichage de strips entièrement electronique
ASTRID	accompagnement structurel des industries de défense(F)
ASV	anti-surface vessel
ASW	anti-submarine warfare
AT	advanced trainer
AT	air traffic ==> trafic aérien
AT	Royal Air Maroc
AT42	ATR 42
AT7	ATR 72
AT72	ATR 72
ATA	actual time of arrival ==> heure d'arrivée réelle
ATA	air to air ==> air-air
ATA	Air transport association(US)
ATAC	Air transport association of Canada
ATAF	association des transporteurs aériens francophones
ATAG	air transport action group
ATAR	automatic air reporting group (OACI)
ATARS	advanced tactical airborne reconnaissance system (US)
ATARS	automatic traffic advisory and resolution service
ATB	automated ticket and boarding pass ==> autobillet
ATC	air traffic control ==> contrôle de la circulation aérienne
ATC	Air transport command
ATC	air transport committee ==> comité du transport aérien
ATC	ATR training center ==> centre de formation ATR
ATCA	Air traffic control association
ATCA	air training center Arizona(US)
ATCBI	air traffic control beacon interrogator
ATCEU	air traffic control evaluation unit
ATCEUC	Air traffic controllers european unions' coordination

ATCO	air traffic control officer ==> controleur du trafic aérien
ATCRBS	air traffic control radar beacon system (US)
ATCRTS	air traffic control radar training system
ATCT	airport traffic control tower ==> tour de contrôle d'aérodrome
ATD	actual time of departure ==> heure de départ réelle
ATF	cf. FLA
ATFM	air traffic flow management ==> gestion des flux de trafic
ATFMU	ATFM unit
ATH	Athinai ==> Athènes
ATHR	auto-thrust ==> auto poussée
ATI	Ansett transport industries
ATI	cf.ISA
ATIRCM	advanced threat infrared countermeasures
ATIS	automatic terminal information service ==> service automatique d'information de région terminale
ATK	available ton kilometre
ATL	Atlanta ==> Atlanta
ATLAS	air traffic land to air system
ATLAS	Atmospheric laboratory for applications and sciences
ATLAS	avanced transmission information technologies for a future european united CNS and ATM system
ATM	air tasking message
ATM	air traffic management ==> gestion du trafic aérien
ATMG	air traffic management group ==> groupe pour la gestion de l'espace et du trafic aériens
ATMOS	air traffic management open system
ATN	aeronautical telecommunication network
ATNP	aeronautical telecommunications network panel (OACI)
ATNS	air traffic and navigational services (AFR. du sud)
ATOM	avanced tether-operated manipulator
ATP	advanced turboprop
ATP	Air Transport Pyrénées
ATP	at... ==> à...
ATR	ATR 42
ATR	avion de transport régional
ATRJ	advanced threat radar jammer
ATS	advanced automation training system
ATS	air to surface ==> air-surface
ATS	air traffic services ==> services de la circulation aérienne
ATS	air traffic system ==> système de la circulation aérienne
ATS	air turbine service
ATS	aircrew training system
ATSR	along track scanning radiometer
ATT	atterrissage tous temps

ATTA	advanced tactical trainer aircraft
ATTAS	advanced technologies testing aircraft system
ATTI	Air transport training international
ATTN,Attn	attention ==> caution
ATV	automated transfer vehicle
ATZ	aerodrome traffic zone ==> zone de circulation d'aérodrome
AUA	Austrian airlines
AUC	Air-transport users committee
AUG,Aug	august ==> août
AUH	Abu Dhabi ==> Abu Dhabi
AUR	Aurigny Air Service
AUR	Aurillac ==> Aurillac
AUSRIRE	All unions scientific research institute of radio equipment(Russie)
AUTF	Association des utilisateurs de transport de fret(F)
AUTH,Auth	authorized,authorization ==> autorisé,autorisation
AUTODIN	automated digital network
AUTOVON	automated voice network
AUW	all-up weight ==> poids total
AUX,Aux	auxiliary ==> auxiliaire
AV	Avianca
AVA	administration de l'aviation civile ==> civil aviation authority
AVASIS	abbreviated visual approach slope indicator system ==> VASIS simplifié
AVBL,Avbl	available,availability ==> disponible,disponibilité
AVEN	axisymmetric thrust-vectoring engine nozzle
AVG,Avg	average ==> moyen
AVGAS	aviation gasoline ==> carburant d'aviation
AVHRR	advanced high resolution radiometer ==> radiométre perfectionné à trés grand pouvoir de résolution
AVIA	Association pour la valorisation de l'industrie aéronautique (F)
AVIC	Aviation industries of China
AVN	Avignon ==> Avignon
AVNIR	advanced visible and near infrared radiometer
AVOR	low power VOR ==> VOR de faible puissance
AVOSS	automated vortex spacing system
AVRO	Alliot Verdon Roe
AVS	advanced avionics system
AVS	aviation standards
AVSCO	Aviation service corporation
AVSEC	aviation security ==> sureté de l'aviation
AVSI	advanced speed indicator
AVT	Vulcan Aviation
AVT,Avt	avitaillement ==> refuelling

AW&ST	Aviation week & space technology (US)
AWA	American west airlines
AWACS	airborne warning and control system
AWAD	adverse weather aerial delivery
AWADS	AWAD system
AWANS	aviation weather and NOTAM system (US)
AWAS	Ansett worldwide aviation services
AWO	all weather operations ==> exploitation tous temps
AWOP	all weather operations panel ==> groupe d'experts sur l'exploitation tous temps
AWOS	automated weather observing system
AWP	aviation weather processor
AWY,Awy	airway ==> voie aérienne,route aérienne
AXAF	advanced x-ray astrophysics facility(US)
AY	Finnair
AZ	Alitalia
Az ==> El	azimut ==> elevation
AZM,Azm	azimuth ==> azimut
B	blue ==> bleu
B	unité accoustique KOSTEN (Pays Bas)
B11	Bac 111
B72	Boeing 720
B7E	two independent sidebands(digital information) ==> bandes latérales indépendantes(informations numériques)
B8E	two independent sidebands(analogue information) ==> bandes latérales indépendantes(informations analogiques)
B9W	two independent sidebands ==> bandes latérales indépendantes
BA	braking action ==> freinage
BA	British Airways
BA11	BAC 1-11/5OO
BA46	British Aerospace 146
BAA	British airport authority
BAAC,Baac	budget annexe de l'aviation civile (F)
BAAS	Bordeaux Aquitaine aéronautique et spatial
BAe	British Aerospace
BAF	British air ferries
BAFFPA	Belgian air force fighter pilots association
BAH	Bahrain ==> Bahrein
BALPA	British airlines pilots association ==> Association des pilotes britanniques
BANA,Bana	budget annexe de la navigation aérienne(F)
BAR,Bar	barrière d'arrêt ==> arresting gear
BAS ==> EAC	Belgian aviation school ==> Ecole d'aviation civile belge
BASE	British aerospace systems and equipment

BASE,Base	cloud base ==> base des nuages
BATC	Brussels airport terminal company
BATR	bande d'atterrissage train rentré ==> belly landing strip
BATRAL	bâtiment de transport léger
BBI	Berlin-Brandenburg international airport
BCAG	Boeing commercial airplane group
BCAR	british civil airworthiness requirements
BCD	banque centrale de données ==> central data bank
BCDA	bases conversion development corporation(Philipines)
BCFG	fog patches ==> bancs de brouillard
BCFT	British-caledonian flight training
BCM	besoins fondamentaux de l'exploitation,critéres de planification et méthodes d'application
BCN	Barcelona ==> Barcelone
BCN,Bcn	beacon ==> phare
BCST,Bcst	broadcast ==> émission,diffusion
BCT	bureau central de télécommunication
BD	binary digit ==> élément binaire
BDA	banque de données aéronautiques (F) ==> aeronautical data bank
BDA	bomb damage assessments
BDDyn	banque de données dynamiques
BDI	German industries association
BDL	Hartford ==> Hartford
BDLI	German aerospace industries association ==> Association des industries aérospatiales allemande
BDP	cf.ARO
BDRY,Bdry	boundary ==> limite,délimitation
BDS	banque de données signaux
BE02	Beech 1900
BE10	Beech 100
BE20	Beech 200
BE90	Beech 90
BEA	Brymon european airways
BEC	Beech 90
BEI	Banque européenne d'investissements
BEPN	bâtiment d'entrainement du personnel navigant(F)
BER	Berlin ==> Berlin
BERD	cf.EBRD
BES	Brest ==> Brest
BEY	Beyrouth ==> Beyrouth
BFCA	Belgian flight crew association ==> Association des équipages belges
BFO	beat-frequency oscillator
BFR,Bfr	before ==> avant

BFS	Bundesanstalt für flugsicherung (Allemagne)
BG-	Bangladesh ==> Bangladesh
BGF	Bangui ==> Bangui
BGI	bureau gravimétrique international
BHX	Birmingham ==> Birmingham
BI	cf.LIL
BIA	Bastia ==> Bastia
BIA	Birmingham international airport
BIA	brevet d'initiation aéronautique(F)
BIA	bureau d'information aéronautique(F) ==> AIS office
BIH	British international helicopters
BIO	Bilbao ==> Bilbao
BIPM	Bureau international permanent des poids et mesures
BIQ	Biarritz ==> Biarritz
BIT	binary digit ==> élément binaire
BITE	built-in test equipment
BIZZ	Island ==> Islande
BJA	Bejaia ==> Bejaia
BJM	Bujumbura ==> Bujumbura
BJS	Beijing ==> Pekin
BKA	Bangkok airways
BKK	Bangkok ==> Bangkok
BKN,Bkn	broken ==> fragmenté
BKO	Bamako ==> Bamako
BLDG,Bldg	building ==> bâtiment
BLI	cf.B7E,B8E,B9W
BLO,Blo	below clouds ==> au-dessous des nuages
BLQ	Bologna ==> Bologne
BLSN	blowing snow ==> chasse-neige élevée
BLU	cf.J3C,R3C,SSB
BLW,Blw	below...,lower than ... ==> au dessous de ...,inférieur à ...
BMA	British Midland
BMB	Beijing maintenance base(Chine)
BMDO	Balistic missile defense organization(US)
BMFT	German ministry for research and technology
BMI	brigade mobile d'immigration(F)
BMIS	baggage-management information system(UK)
BMJ	bulletin de mise à jour ==> updating bulletin
BMR	bearingless main rotor
BMSL	business marketing service
BN2I	BN2A Islander
BN2T	BN2A Trislander
BNA	bagage non accompagné

BNA	bureau national airmiss(F) ==> national bureau for airmiss
BNI	cf.NOF
BNIA	bureau national d'information aéronautique(F)
BO	Air Colombus
BOAR	Board of airline representatives
BoD	biological oxygen demand
BOD	Bordeaux ==> Bordeaux
BOG	Bogota ==> Bogota
BOM	Bombay ==> Bombay
BOMB,Bomb	bombing ==> bombardement
BORG	groupe des besoins fondamentaux de l'exploitation
BOS	Boston ==> Boston
BOW	basic operating weight
BPR	bypass ratio ==> taux de dilution
Bq	becquerel ==> becquerel
BR	BMW-Rolls Royce
BR	Eva Air
BR,Br	mist ==> brume
BRA	brin d'arrêt ==> arresting cable
BRAD	Bombardier regional aircraft division
BRAVIA,Bravia	British russian aviation corporation
BRD	brakemeter-dynamometer
BRE	Bremen ==> Brême
BRF	short ==> court
BRG,Brg	bearing ==> relévement
BRI	Bari ==> Bari
BRIA	bureau régional d'information aéronautique
BRIA	bureau régional d'information et d'assistance au sol(F)
BRITE	basic research in industrial technology for Europe
BRITE	bright radar indicator tower equipment
BRKG,Brkg	braking ==> freinage
BRN	Bern ==> Berne
BRS	Bristol ==> Bristol
BRU	Brussels ==> Bruxelles
BS	banc de simulation
BS	commercial broadcasting station ==> station de radiodiffusion commerciale
BSK	Biskra ==> Biskra
BSL	Basel ==> Bale Mulhouse
BST	bon spécial de transport(F)
BSTC	Bureau de la sécurité des transports du Canada
BSU	beam steering unit
BT	British telecom

BT	bureau des télécommunications(F)
BTIV	bureau de transmission des informations en vol vol(F) ==> flight information emission office
BTL	between layers ==> entre les couches
BTN,Btn	betwen ==> entre
BTU	british thermal unit
BUD	Budapest ==> Budapest
BUE	Buenos Aires ==> Buenos Aires
BUEC	backup emergency communications
BUH	Bucarest ==> Bucarest
BVE	Brive ==> Brive
BVR	beyond visual range
BWA	British world airlines
BWI	Baltimore ==> Baltimore
BXO	Bissau ==> Bissau
BZH	Britair
BZR	Beziers ==> Béziers
BZV	Brazzaville ==> Brazzaville
C	centre,center ==> centre
C	coulomb ==> coulomb
C-,CF-	Canada ==> Canada
C-CARP	coordinated computed aerial release point
C-SIS	SIS central
C2-	Nauru ==> Nauru
C207	Cessna 207
C208	Cessna 208
C3	cf.CCC
C3F	vestigial sideband(television) ==> bande latérale résiduelle(télévision)
C5-	Gambia ==> Gambie
C500	Cessna Citation 1
C550	Cessna Citation 2
C6-	Bahamas ==> Bahamas
C9	Compagnie Aéronautique Européenne
C9-	Mozambique ==> Mozambique
CA	Air China
CA	conflict alert
CAA	Civil aviation authority(UK)
CAAC	Civil aviation administration of China
CAAS	Civil aviation authority of Singapore
CAATS	Canadian automated air traffic system
CAB	civil aeronautic board(US)
CAC	Crestview aerospace(US)

CACD	Collins avionics and communications division
CACRC	commercial airport composite repair committee
CAD	computer aided design ==> conception assistée par ordinateur
CADIN	common aeronautical interchange network
CADV	cf.AFCS
CAE	Compagnie aéronautique européenne
CAE	computer aided engineering ==> ingénieurie assistée par ordinateur
CAEA	certificat d'aptitude à l'enseignement aéronautique (F)
CAEA	Conservatoire de l'air et de l'espace d'Aquitaine(F)
CAEE	committee on aircraft engine emission ==> comité sur les émissions des moteurs d'avions
CAEP	committee on aviation environmental protection ==> comité de la protection de l'environnement en aviation
CAER	conférence administrative extraordinaires des radiocommunications
CAF	commission d'affectation des fréquences
CAFC	Civil aviation flying college(Chine) ==> Ecole de pilotage de l'aviation civile
CAG	Cagliari ==> Cagliari
CAG	circulation aérienne générale ==> general air traffic
CAG	commande automatique généralisée
CAG	contrôle automatique du gain
CAI	Cairo ==> Le Caire
CAI	Canadian airlines international
CAIL	Canadian airlines international
CAIR	cf. RAIM ==> CAIR
CALF	common affordable lightweight fighter
Calib	calibration ==> calibration
CALL	computer assisted language learning ==> apprentissage des langues assisté par ordinateur
CALPA	Canadian airline pilots association
CALS	computer aided acquisition and logistic system
CALS	computer-aided acquisition and logistics support(US)
CAM	circulation aérienne militaire ==> military air traffic
CAM	cockpit-angle measure
CAM	computer aided manufacturing
CAM	Macau airport company
CAMI	Civil aero medical institute(US)
CAMR	conférence de l'administration mondiale des radiotélécommunications
CAMSIM	Canadian airspace management simulator
CAN	cf.ADC
CAN	committee on aircraft noise ==> comité sur le bruit des avions
CANA	centre aéroportuaire de la navigation aérienne(F)
CANAC	computer assisted national air traffic control centre(Belgique)
CAO	cartographie assistée par ordinateur

CAO	conception assistée par ordinateur
CAOBS	calculateur d'observation
CAOC	combined air operations center
CAP	circulation aérienne publique ==> public air traffic
CAP	civil air publication(UK)
CAP	combat air patrol
CAP	commission administrative paritaire
CAP	complex autonomous payloads
CAP	continuing airworthiness panel
CAR	Caribbean region ==> région Caraïbes
CAR	civil airworthiness regulations
Carabas	coherent all radio band sensing (Suéde)
CARAD	civil aircraft research and development (UK)
CARF	central altitude reservation function
CARICOM	Caribbean's economic collaboration
Carine	chaine d'analyse et de restitution des informations enregistrées
CAROL	cabine aérotransportable Roland(F) ==> air transportable Roland shelter
CARS	Caravelle 12
CARX	Caravelle 10 ou 11
CAS	Casablanca ==> Casablanca
CAS	close air support
CAS ==> SAO	computer assisted specifications ==> spécification assistée par ordinateur
CAS ==> VC	calibrated airspeed ==> vitesse corrigée
CASA	computer assisted slot allocation
CASA	Construcciones aeronauticas SA(Espagne)
CASA	controller automated spacing aid
Casc	China aerospace corporation
CASC	China aviation supplies corporation
CASD	comité d'action scientifique de la défense
CASE	computer aided software engineering
CASID	committee for aviation and space industry development(Taiwan)
CASITAF	Equipe spéciale sur la mise en oeuvre des systèmes CNS-ATM
CASOM	conventionally armed stand-off missile
CASSY	cockpit assistant system
CAST	Center for aviation and space technologies(Taiwan)
CAT	clear air turbulence ==> turbulence en ciel clair
CAT	computerized axial tomography
CAT,Cat	category ==> catégorie
CATC	civil aviation training center ==> centre de formation de l'aviation civile
CATCA	Canadian air traffic controller association ==> Association canadienne des contrôleurs aériens

CATIA	computer aided three-dimensional interactive applications
CATIC	China national aero-technology import and export corporation
CATV	cable TV
CAUTRA	coordination automatique du trafic aérien ==> automatic air traffic coordinator
CAVOK	visibility,cloud and present weather better than prescribed values or conditions ==> visibilité,nuages et temps présents meilleurs que valeurs ou conditions prévues
CAY	Cayenne ==> Cayenne
CB	citizen band ==> canal banalisé
Cb,CB	cumulonimbus ==> cumulonimbus
CBR	California bearing ratio ==> indice portant californien
CBT	computer based training
CC	cf. DG ==> CC
Cc,CC	cirrocumulus ==> cirrocumulus
CC-	Chile ==> Chili
CCAO	conception et construction assistées par ordinateur
CCAS	comité central de l'action sociale (F)
CCC,C3	concurrent certification cooperation
CCCP	Union of soviet socialist republics ==> Union des républiques socialistes soviétiques
CCD	charged coupled device
CCD	consolidated cab display
CCDPCSA	commission consultative départementale de la protection civile de la sécurité et d'accessibilité (F)
CCDS	center for the commercial development of space
CCE	cf. CEC ==> CCE,CE
CCF	Carcassonne ==> Carcassonne
CCF	central control function
CCF	Comité cartographique français
CCI	chambre de commerce et d'industrie ==> chamber of commerce and industry
CCIMP	Chambre de commerce et d'industrie de Marseille Provence
CCITT	comité consultatif international télégraphique et téléphonique
CCM	centre de contrôle militaire ==> military control centre
CCQ	cross crew qualification
CCR	centre commun de recherches aérospatiales(F)
CCR	cf.ACC
CCR	commission des conférences de radiocommunication(F)
CCS	Caracas ==> Caracas
CCT	comité de coordination des télécommunications(F)
CCTG	comité central des travaux géographiques (F)
CCTS	combat crew training squadron(US)
CCTT	close combat tactics trainer

CCTV	close cicuit television ==> télévision en circuit fermé
CCU	comité consultatif des unités
CCV	configured control vehicle ==> contrôle actif de l'avion
CD	common digitizer
CD	compact disk ==> disque compacte
cd,CD	candela ==> candela
CDB	commandant de bord ==> captain
CDC	computer display channel
CDD	contrat à durée déterminée
CDG	aéroport Charles de Gaulle
CDLP	convertible laser-designation pod
CDN	certificat de navigabilité ==> certificate of airworthiness
CDN	common design concept ==> communalité
CDN,Cdn	coordination ==> coordination
CDNS	certificat de navigabilité spécial
CDR	centre de résultats (F)
CDR	critical design review
CDRI	centre de résultats informatique
CDS	contenair delivery system
CDT	controlled departure time
CDT,Cdt	commandant ==> officer in charge
CDU	control and display unit
CDVE	commandes de vol électriques
CE	cf. CEC ==> CCE,CE
CEA	Commissariat à l'énergie atomique ==> Nuclear power administration
CEAC	cf.ECAC
CEAM	centre d'expériences aériennes militaires (F)
CEAT	centre d'essais aéronautiques de Toulouse(F)
CEC	Chengdu engine(Chine)
CEC ==> CCE,CE	Commission of european communities ==> Commission des communautés européennes,Commission européenne
CECOM	communications electronics command(US)
CEDOCAR	centre de documentation de l'armement(F)
CEI	cf.CIS
CEIA	cf.EAIC
CEL	Centre d'essais des Landes(F)
CEMT	cf.ECMT
CEMT	Conférence européenne des ministres des transports
CENA	Centre d'études de la navigation aérienne(F)
CENTOR	compresseur entièrement optimisé en régime
CEO	chief of executive board
CEPA	common european priority area ==> zone commune européenne prioritaire

CER	Cherbourg ==> Cherbourg
CER	circulation d'essai et de réception(F) ==> acceptance and test traffic
CERAP	combined center radar approach control
CERFACS	Centre européen de recherches et de formation avancée en calcul scientifique ==> European center for advanced research and training in scientific computation
CERGA	centre d'étude et de recherche géodynamiques et astronomiques (F)
CERMA	centre d'étude et de recherche en médecine aéronautique (F)
CERT	Centre d'études et de recherches de Toulouse(F)
CERV	crew emergency return vehicle
CESR	conseil économique et social régional(F)
CESSAN	Centre d'entrainement au sauvetage et à la survie de l'aéronautique navale(F)
CETCOPRA	Centre d'étude des techniques des connaissances et des pratiques
CEU	central executive unit
CEV	centre d'essais en vol ==> flight test centre
CF	change frequency to... ==> passez sur la fréquence...
CFAES	Collège franco-allemand de l'enseignement supérieur
CFAO	conception et fabrication assistées par ordinateur
CFC	chlorofluorocarbone
CFCC	central flow control computer
CFCF	central flow control function
CFD	Computational fluid dynamics
CFDIU	centralized fault data interface unit
CFDPS	compact flight data processing system
CFE	Clermont Ferrand ==> Clermont Ferrand
CFE	conventional forces in Europe
CFHN	centre de formation de haut niveau(pilotage)(F)
CFIA	Compagnie française d'investissement aéronautique
CFIT	cas d'impacts sans perte de contrôle,impacts en vol contrôlé
CFIUS	Committee on foreign investment in the US
CFL	coefficient de frottement longitudinal
CFM	cf.CFMI
CFMI	Consortium international SNECMA-General Electric
CFMU	central flow management unit
CFPS	commercial flight plan service
CFRP	carbon fiber-reinforced plastic
CFT	call for tenders ==> appel d'offres
CFWP	central flow weather processor
CFWSU	central flow weather service unit
CG	centre of gravity ==> centre de gravité
CGL	circuit guidance lights ==> feux de guidage sur circuit
CGN	Koln ==> Cologne
CGPM	conférence générales des poids et mesures

CGWI	China great wall industry
CH,Ch	channel ==> canal
CHAE	Centre d'histoire de l'aéronautique et de l'espace(F)
CHAMOIS	chambre modulaire d'optimisation de l'injection dans un superstatoréacteur ==> injection optimizing modular chamber for scramjet
CHAP	centre d'hébergement des auxilliaires de police (F)
CHC	Canadian helicopter co.
CHG,Chg	change ==> modification
CHI	Chicago ==> Chicago
CHIRP	confidential human-factors incident reporting program (UK)
CHSCT	comité hygiène sécurité et conditions de travail (F)
Ci	curie ==> curie
CI	cost index
Ci,CI	cirrus ==> cirrus
CIAM	Central institute of aviation motors(Russie)
CIAT	Commission interministérielle d'aménagement du territoire (F)
CIDIN	common ICAO data interchange network ==> réseau commun OACI d'échange de données
CIDT	commission interministérielle de défense du territoire (F)
CIGALE	chaine d'information générale (F)
CIM	computer integrated manufacturing
CINA	Compagnie internationale de la navigation aérienne
CINCA	Community industrial noise control association
CIP	common integrated processor
CIPA	centre d'instruction et de perfectionnement aéronautique (F)
CIPM	Comité international des poids et mesures
CIPRS	Commission interministérielle des points et des réseaux sensibles (F)
Cips	computer integrated product support
CIRAS	Comité initiation recherche aéronautique et spatiale(F)
CIRCE	conception informatisée et rationnalisée des câblages électriques
CIRI	Comité interministériel de restructuration industrielle (F)
CIS	Interstate aviation committee(Russie)
CIS ==> CEI	Commonwealth of independant states ==> communauté des états indépendants
CISAC	center for international security and arms control
CIT	near,over large towns ==> à proximité,au dessus de villes importantes
CITIC	China trust and investment
CITS	China international travel service
CIV	cf.FIC
CIV	civil ==> civil
CJL	British aerospace corporate jets,Corporate jets limited
CJTF	combined joint task force
CK,Ck	check ==> vérifiez

CKY	Conakry ==> Conakry
CL	centre line ==> axe,ligne axiale
CL60	Canadair CL 600 Challenger
CLA	centre de linguistique appliquée
CLA	clear type of ice formation ==> formation de glace limpide
CLA	contrôle local d'aérodrome
CLAC	Commission latino-américaine de l'aviation civile
CLAP	club laïque d'aviation populaire (F)
CLAS	comité local d'action sociale (F)
CLASS	coherent lidar airborne shear sensor(US)
CLBR,Clbr	calibration ==> étalonnage
CLD,Cld	cloud ==> nuage
CLE	Cleveland ==> Cleveland
CLFA	centre logistique de fret aérien(F)
CLG,Clg	calling ==> j'appelle
CLK	Chek Lap Kok airport(Hong Kong)
CLR,Clr	clear,cleared to...,clearance ==> autorisé,autorisé à...,autorisé jusqu'à...,autorisation,clairance
CLS	comité local de sûreté(F)
CLSD,Clsd	close,closed,closing ==> fermé,fermez,fermeture
CLT	Charlotte ==> Charlotte
CLY	Calvi ==> Calvi
cm,CM	centimetre ==> centimètre
CMB	Colombo ==> Colombo
CMB,Cmb	climb ==> montez
CMC	Canadian Marconi company
CMD	circonscription militaire de défense (F)
CMD,Cmd	commande
CME	cf. ECM ==> CME
CMET	commercial experiment (space) transporter
CMF	Chambery ==> Chambéry
CMF	commission mixte des fréquences(F)
CMIV	cabin management and interactive video
CMM	component maintenance manual
CMM	composite à matrice métallique
CMN	bruit sur les commandes
CMP	Cinq Mars la Pile
CMPL,Cmpl	completion,completed,complete ==> achèvement,achevé,complet
CMS	combat mission simulator
CMS	common modulator simulator
CMTP	common medium term plan
CMTS	computerized maintenance training system
cn	construction number

CN	cf. AD ==> CN
CN-	Morocco ==> Maroc
CNAA	certificat de navigabilité d'aéronef agricole
CNAMC	China Nanchang aircraft manufactoring
CND	contrôle non destructif ==> nondestructive testing technic
CNES	Centre national d'études spatiales(F)
CNF	Conseil national de facilitation(F)
CNIG	Commission nationale des informations géographiques (F)
CNIM	Constructions industrielles de la Mediterrannée
CNISF	Conseil national des ingénieurs et des scientifiques de France
CNL	flight plan cancellation ==> annulation du plan de vol
CNL,Cnl	cancel,cancelled ==> annulez,annulé
CNR	indice composite de bruit
CNRA	certificat de navigabilité restreint d'aéronef
CNRAC	certificat de navigabilité restreint d'aéronef de collection
CNRM	Centre national de recherche météorologique(F)
CNRP	certificat de navigabilité restreint de planeur
CNRS	Centre national de la recherche scientifique(F)
CNS	communication navigation and surveillance system
CNS	consolidated NOTAM system (US)
CNS,Cns	continuous ==> continu
CNSA	Comité national de suretê de l'aviation civile(F)
CNUT	Conseil national des utilisateurs de transport (F)
CO	centre opérationnel
CO	Continental airlines (US)
CO	contrôleur organique
COB	clip on board ==> pastillage
COBE	cosmic background explorer
COBRA	cargo on board and revenue accounting(Japon)
COCESNA	Corporacion centroamericana de servicios de navigacion aérea ==> Corporation des services de la navigation aérienne d'Amérique centrale
COCO	contractor-owned contractor-operated
CoCoEco	commission consultative économique (F)
Cocom	coordinating committee for multilateral export controls
COD	centre opérationnel de défense (F)
COEA	cost and operational-effectiveness analysis
COFACE	Compagnie française d'assurance pour le commerce extérieur
COIN	counter-insurgency
COM	circulation opérationnelle militaire ==> operational military traffic
COM,Com	communications ==> télécommunications
COMB	combiner
COMETS	communications and broadcasting technology satellite(Japon)

COMEX	commodity exchange inc.
COMIGETRA	commissariat général aux transports(F)
COMLO	compass locator
Comms	communications
COMSEC	communication security
CONC,Conc	concrete ==> béton
COND,Cond	condition ==> condition
CONST,Const	construction,constructed ==> construction,construit
CONT,Cont	continue,continued ==> continuez,maintenu
CONUS	continental USA
COO	Cotonou ==> Cotonou
COOR,Coor	coordinate,coordination ==> coordonez,coordination
COP	change-over point ==> point de transition
COPG	common operating procedure group
COPS	common operation performance specifications
COPTER	helicopter ==> hélicoptère
COR,Cor	correct,correction,corrected ==> corrigez,correction,corrigé
CORESTA	Commission d'étude de la répartition géographique des stations radio-électriques(F)
CORTA	cellule d'organisation et de régulation du trafic aérien (F) ==> air traffic flow management unit
CORTE	company route ==> route compagnie
COS	comité opérationnel de sûreté(F)
COSPACEM	Comité des oeuvres sociales des personnels de l'aviation civile et de la météorologie(F)
COT	at the coast ==> sur la côte
COTAM	Commandement du transport aérien militaire(F)
COV,Cov	cover,covered,covering ==> couvrir,couvert,couvrant
COVOS	Comité pour les vols stratosphériques
COZ	centre opérationnel de zone(F)
CP	Canadian Airlines International,Inter-canadian
CP	crédit de paiement
CP-	Bolivia ==> Bolivie
CPAC	Cergy Pontoise air club(F)
CPAED	commission permanente des affaires économiques de défense (F)
CPH	Kobenhaven ==> Copenhague
CPI	continuous process improvement
CPL	current flight plan ==> plan de vol en vigueur
CPS	cardinal point specification
CPT	Cap town ==> Le Cap
CPT	cockpit procedures trainer
CPU	cabin pressure controller unit
CPU ==> UC	central processing unit,control processor unit ==> unité centrale,unité de contrôle

CR	coefficient de remplissage
CR	contrôleur radar
CR-,CS-	Portugal ==> Portugal
CRA	compte rendu d'accident ==> accident report
CRA	conflict resolution advisory
CRADA	cooperative research and development agreement(US)
CRAF	Civil reserve air fleet(US)
CRAPEL	Centre de recherche et d'application pédagogique en langues
CRC	centre de renseignement et coordination
CRC	control and reporting center
CRCO	central route charges office
CRDA	converging runways display aid
CRDA	cooperative research and development agreement
CRE	centre de recherche et d'expérimentation
CRITT	centre de recherche et d'innovation technique et technologique(F)
CRJ	Canadair regional jet
CRL	Corse Air
CRM	cockpit resource management
CRM	collision risk model
CRM	compte-rendu de matériel
CRM	crew ressource management ==> gestion des ressources de l'équipage
CRNA	centre régional de la navigation aérienne ==> air navigation regional centre
CRPZ	cf.RAFC
CRS	computer reservation system (US)
CRS,Crs	course
CRT	cathode-ray tube ==> tube cathodique
CRX	Cross Air
CRZ,Crz	cruise ==> croisiére
CS	constant speed ==> vitesse constante
Cs,CS	cirrostratus ==> cirrostratus
CSA	Canadian space agency ==> Agence spatiale canadienne
CSA	Ceskoslovenske Statni Aerolinie ==> Lignes Aériennes Tchécoslovaques
CSAM	Conseil supérieur de l'aviation marchande(F)
CSAS	command and stability augmentation system
CSCE	conference on security and cooperation in Europe
CSD	constant-speed drive
CSDS	Central specialized design bureau at Samara(Russie)
CSEE	Compagnie des signaux et entreprise électrique
CSINA	Conseil supérieur de l'infrastructure et de la navigation aérienne(F)
CSM	Conseil supérieur de la météorologie(F)
CSR	Commission des servitudes radio-électriques(F)

CSTA	Chambre syndicale du transport aérien(F)
CT	computed tomography
CTA	Catania ==> Catane
CTA	Centro technico aerospacial (Brésil)
CTA	certificat de transport aérien
CTA	Commissariat aux transports aériens(F)
CTA	control area ==> region de contrôle
CTAM	climb to...and maintain ==> montez à ... et maintenez
CTAS	center tracon automatic system
CTAS	center tracon automation system
CTAS	Chrysler technologies airborne systems
CTC,Ctc	contact ==> contactez
CTDC	Civil transport development corporation (Japon)
CTG	comon training group
CTL,Ctl	control ==> contrôle
CTM	crossing track manoeuvre
CTN	Croatia airlines
CTN,Ctn	caution ==> prudence
CTOL	conventional take-off and landing
CTR,Ctr	control zone,control traffic region ==> zone de contrôle
CTU	cabin telecom unit
CTV	crew transfert vehicle
CU	Cubana
Cu,CU	cumulus ==> cumulus
CU-	Cuba ==> Cuba
CUF	cumuliform ==> cumuliforme
CUN	Cancun ==> Cancun
CUP	control unit processor
CUST,Cust	customs ==> douane
CVG	Cincinnati ==> Ccincinnati
CVR	cockpit voice recorder ==> enregistreur phonique
CW	Commuter world
CW	continuous wave ==> onde entretenue
CWIN	cockpit weather information needs
CWL	Cardiff ==> Cardiff
CWO	chief warrant officer
CWSU	central weather service unit (US)
CWY,Cwy ==> PD	clearway ==> prolongement dégagé
CX	Cathay Pacific Airways
CX-	Urugay ==> Urugay
CxHy	hydrocarbures
CY	Cyprus Airways
CYMX	Montreal ==> Montréal

CYZZ	Canada ==> Canada
CZL	Constantine ==> Constantine
CZPRS	commission zonale des points et des réseaux sensibles (F)
C°	Celsius degrees ==> degrés Celsius
D ...	danger area... ==> zone dangereuse...
D-	Federal republic of Germany ==> République fédérale d'Allemagne
D-Isar	differential synthetic aperture radar interferometry
D/NAPS	day/night adverse weather pilotage system
D10	Douglas DC 10
D15	distance de décollage
D2-	Angola ==> Angola
D4-	Cabo Verde ==> Cap Vert
DA	danger area ==> zone dangereuse
DA	decision altitude ==> altitude de décision
DA	descent advisor
DA	development aircraft
DA/H	decision altitude,height ==> altitude,hauteur de décision
DA10	Falcon 10
DA20	Falcon 20
DA50	Falcon 50
DA90	Falcon 900
DAA	distance accélération-arrêt
DAAG	Algiers ==> Alger
DAARWIN	distributed ATM architecture based on RNAV workstation intelligent tools and networks
DABS	cf. ADSEL
DAC	Dacca ==> Dacca
DAC	Direction de l'aviation civile ==> Directorate of civil aviation
DAC	double-annular combustion
DAC	Douglas aircraft corporation
DAC	dual annular combustor ==> chambre de combustion à double tête
DACOTA	dispositif d'association,de corrélation et de traitement radar pour les approches(F)
DADI	déclenchement d'alerte par désignation initiale des points d'accident(ADP)
DADI	système automatique de localisation des points d'accidents
DAISY	dependability aided synthesis
DAKOS	daten übertraguns und kommunication system
DAL	Delta Airlines
DAM	Damas ==> Damas
DAM	Dassault Mercure
DAM	disques aubagés monoblocs
daN	decanewton
Dana	Dornier aviation Nortn America

DAR	Dar Es Salaam ==> Dar Es Salaam
DARA	German space agency ==> Agence spatiale allemande
DARC	direct access radar channel
DARO	defense airborne reconnaissance office(US)
DARPA	defense advanced research project agency(US)
DARPS	dynamic air route planning system
DAS	designated alteration station
DASA	Deutsche aerospace
DAT	Danish air transport
DAT	Delta air transport(Belgique)
DAT	Department of air transport(Russie)
DAZZ	Algeria ==> Algérie
dB	decibel ==> décibel
DB	Brit Air
dBA	decibel A ==> décibel A
DBE	data bank Eurocontrol
DBE-EVN	database EUROCONTROL-environment system
DBS	direct broacast satellite
DBS	direct broadcast service,satellite
DBU	data base unit
DBV	véhicule freiné en diagonale
DC	direct current ==> courant continu
DC10	Douglas DC 10
DC8	Douglas DC 8
DC9	Douglas DC 9
DC9C	Douglas DC 9 40
DC9D	Douglas DC 9 50
DC9E	Douglas DC 9 80
DCAé,DCA	Direction des constructions aéronautiques(F) ==> Directorate of aircraft production
DCB	décimal codé binaire
DCC	détachement civil de coordination(F) ==> civil unit of coordination
DCC	display channel complex
DCCP	distribution and concentration communications processor
DCD	double channel duplex ==> duplex sur deux voies
DCE	distributed computing environment
DCE	dossier de consultation des entreprises
DCKG,Dckg	docking ==> accostage
DCM	Castres ==> Castres
DCN	Drachenbronn
DCS	departure control system
DCS	double channel simplex ==> simplex sur deux voies
DCT,Dct	direct ==> directement,direct

DCV	destination coded vehicle
DCW	digital chart of the world ==> carte numérique du monde
DDCILEC	Direction départementale du contrôle de l'immigration et de l'emploi clandestin(F)
DDE	Direction départementale de l'équipement (F)
DDM	data display monitor
DDM	différence du taux de modulation
DDR-	Democratic republic of Germany,German democratic republic ==> République démocratique d'Allemagne
DDRMI	digital distance and radio magnetic indicator
DEA	Délégation à l'espace aérien(F) ==> Delegation for airspace
DEC	cf.VAR
DEC,Dec	december ==> décembre
DECOLO	deconnexion logique
DEG,Deg	degrees ==> degrés
DEL	Delhi ==> Delhi
DEM	digital elevation model
DEMON	demonstrateur en milieu opérationnel
DEMON	démonstrateur expérimental en milieu opérationnel normal (F)
DEMVAL	demonstration and validation
DEN	Denver ==> Denver
DEN	niveau sonore jour-soirée-nuit
DENEB	fog dispersal operation ==> opération de dissipation du brouillard,dénébulation
DEP,Dep	depart,departure ==> partez,départ
DEPCOS	department control system (D)
DER	departure end of the runway ==> extrémité départ de la piste
DES,Des	descend to...,descending to... ==> descendez,je descends jusqu'à...
DEST,Dest	destination ==> destination
DETRESFA	distress phase ==> phase de détresse
DEV,Dev	deviation,deviating ==> déviation,je dévie,écart,je m'écarte
DF	direction-finder ==> goniomètre
DFAD	digital feature analyses data
DFAPS	digital final approach spacing
DFCS	digital flight control system
DFDR	digital flight data recorder ==> enregistreur numérique des données de vol
DFS	Deutsche flugsicherung
DFTI	distance from touchdown indicator ==> indicateur de distance au toucher des roues
DFW	Dallas-Fort Worth ==> Dallas-Fort Worth
DG 1	Direction générale des relations extérieures(CE)
DG 11	Direction générale de l'environnement(CE)
DG 12	Direction générale des sciences,de la recherche et du

	développement(CE)
DG 13	Direction générale des télécommunications,des technologies de l'information et de la valorisation de la recherche(CE)
DG 3	Direction générale des affaires industrielles(CE)
DG 4	Direction générale de la concurrence(CE)
DG 7	Direction générale du transport(CE)
DG 8	Direction générale du développement
DG ==> CC	directionnal gyro ==> conservateur de cap
DGA	Délégation générale pour l'armement(F)
DGAC	Direction générale de l'aviation civile (F) ==> General directorate of civil aviation
DGAC	Directorate general air communications(Indonésie)
DGLR	Deutsche gesellschaft für luft und raumfahrt ==> German aerospace association
DGP	dangerous goods panel ==> groupe d'experts sur les marchandises dangereuses
DGPS	differential GPS
DGPS WAAS	DGPS wide area augmentation system
DGRST	Délégation générale à la recherche scientifique et technique(F)
DGTI	Direction générale des transports intérieurs(F)
DH	De Havilland
DH	decision height ==> hauteur de décision
DH	digital Harrier(UK)
DH	digital holding
DH7	Dash 7
DHA	Daran ==> Daran
DHC	De Havilland of Canada
DHC6	DHC 6 Twin Otter
DHT	De Havilland Twin Otter
DIA	Denver international airport
DIA	Direction centrale de l'infrastructure de l'air (F)
DIF,Dif	diffuse ==> diffus
DIM,Dim	cf.SUN
DINS	digital inertial navigation system
DIR,Dir	direct ==> direct
DIRAP	Association de défense des intérêts des riverains de l'aérodrome de Pontoise Cormeilles(F)
DIRCAM	Direction de la circulation aérienne militaire(F) ==> Military air traffic directorate
DIRCM	directed infrared countermeasures
DIST,Dist	distance ==> distance
DIV,Div	divert,diverting ==> déroutez vous,je me déroute
DJG	Djanet ==> Djanet
DKR	Dakar ==> Dakar

DL	Delta Airlines (US)
DLA	Douala ==> Douala
DLA,Dla	delay,delayed ==> retard,retardé
DLR	Deutsche forschungsanstalt für luft und raumfarht ==> Centre allemand de recherches aéronautiques et spatiales
DLS	data link splitter (data transmission)
DLS	Doullens
DM	Direction de la maintenance
DM	Direction de la météorologie(F)
DMA	descent minimum altitude ==> altitude minimale de descente
DMA-H	cf.DMA,DMH
DMC	détachement militaire de coordination ==> military coordonating detachement
DMC	display management computer
DME	distance measuring equipment ==> dispositif de mesure de distance
DME	distributed management environment
DME-N	DME narrow ==> DME à spectre étroit
DME-P	DME precise ==> DME à mesure précise
DME-W	DME wide ==> DME à spectre large
DMH	descent minimum height ==> hauteur minimale de descente
DMN	Direction de la météorologie nationale(F) ==> National meteorology directorate
DMPI	desired mean point of impact
DNA	Direction de la navigation aérienne(F) ==> Air navigation directorate
DNG,Dng	danger,dangerous ==> danger,dangereux
DNL	niveau sonore équivalent jour-nuit
DNLL	Nigeria ==> Nigéria
DO	dépenses ordinaires
DO28	Dornier 228
DOAS	differential optical absorption spectroscopie
DOC	direct operating cost
DOC,Doc	document ==> document
DoD	Department of defence(US)
DoE	Department of energy(US)
dof	degree of freedom ==> degré de liberté
DOF	déclaration obligatoire aux frontiéres(Schengen)
DOH	Doha ==> Doha
DOM,Dom	domestic ==> intérieur
DOM-TOM	départements et territoires d'outre-mer ==> french overseas departments and territories
DON	disque optique numérique
DOS	direct operating system
DoT	Department of transportation(US)
DOT	défense opérationnelle du territoire(F)

dP	maximum design differential pressure between pressured cabin and ambient
DP	dew point temperature ==> température du point de rosée
DPAC	Direction des programmes aéronautiques civils(F)
DPC	digital profile climbs
DPD	digital profile descends
DPS	Denpasar Bali ==> Denpasar Bali
DPT,Dpt	depth ==> profondeur
DQ-	Fiji ==> Fidji
DR	dead reckoning ==> à l'estime
DRA	Defence research agency (UK)
DRA	Design research association
DRAC	Direction régionale de l'aviation civile(F)
DRAM	dynamic random access memory
DRAST	Direction de la recherche et des affaires scientifiques et techniques(F)
DRE	Direction régionale de l'équipement (F)
DRET	Direction des recherches,études et techniques(F)
DRG,Drg	during ==> durant
DRHAF	Direction des ressources humaines et des affaires financières(F)
DRS	data relay satellite
DRS	Dresden ==> Dresde
DRSN	low drifting snow ==> chasse-neige basse
DSAA	Defence security assistance agency (US)
DSAC	Direction des services de l'aviation civile ==> Directorate of civil aviation services
DSB	double sideband ==> double bande latérale
DSC	defense satellite communications
DSCS	defense satellite communications system
DSIC	Dowty and Smiths industries controls
DSNS	differential satellite navigation system
DSO	defensive systems officer
DSP	defense system program (US)
DSP	departure sequencing programme
DT	Taag Angola Airlines
DTA	Direction des transports aériens (F)
DTAM	descend to... and maintain ==> descendez à ... et maintenez
DTED	digital terrain elevation data
DTG	date-time group ==> groupe date-heure
DTG	dual-tandem landing gear
DTI	Department of trade and industry (UK)
DTM	Dortmund ==> Dortmund
DTp	Department of transport (UK)
DTP	développement technique probatoire

DTRT,Dtrt	deteriorate,deteriorating ==> s'aggrave,s'aggravant
DTS	digital terrain system
DTT	Detroit ==> Détroit
DTTA	Tunis ==> Tunis
DTW	dual tandem wheels ==> diabolo en tandem
DTZZ	Tunisia ==> Tunisie
DUAT	direct user access terminal
DUB	Dublin ==> Dublin
DUC	dense upper cloud ==> nuage dense en altitude
DUPRIN	ducted propfan investigations ==> études des soufflantes canalisées
DUR,Dur	duration ==> durée
DUS	Dusseldorf ==> Dusseldorf
DV	cf. FD ==> DV
DV	digital vectoring
DVOR	doppler VOR ==> VOR doppler
DW	dual wheels ==> roues jumelées,diabolo
DX	exploitation duplex
DXB	Dubaï ==> Dubaï
Dyp	dynamic presentation
DYSIM	dynamic simulator ==> simulateur dynamique
DZ,Dz	drizzle ==> bruine
DZE	défense de zone pour l'Equipement(F)
E	east,eastern longitude ==> est,longitude est
E	éclat ==> flash
E-M	état major ==> headquarter
E/R	émission,émetteur/réception,récepteur
E/WD	engine/warning display
E110	Bandeirante 110
E120	Brasilia EMB 120
EA3A	Airbus A 300
EA3B	Airbus A 310
EA3C	Airbus A 320
EAA	Experimental aircraft association(US)
EAC	cf.BAS
EAD	european AIS database ==> banque européenne de données AIS
EADI	electronic attitude display indicator
EAIC/CEIA	European aerospace industry council ==> Conseil européen pour l'industrie aéronautique
EALA	escadrille d'aviation légère et d'appui
EAM	European aircraft management
EAMS	electronic airport-mapping system
EAMTS	european air traffic management system
EANPG/GEPNA	European air navigation planning group ==> Groupe européen de

	planification de la navigation aérienne
EANS	european aeronautical network services
EAO	enseignement assisté par ordinateur ==> computer assisted teaching
EAP	étage d'accelération à poudre ==> solid booster
EARTS	en route automated radar tracking system (US)
EAS	eqivalent airspeed
EAS	Essential air service (US)
EAS	estimated air speed ==> vitesse par rapport à l'air
EAS	établissement à accès surveillé (F)
EASI	Eagle aviation services incorporated
EASIE	enhanced ATM and mode S implementation in Europe
EASOE	european artic stratospheric experiment
EAT/HAP	expected approach time ==> heure d'approche prévue
EATCHIP	european ATC harmonization and integration programme
EATMS	european air traffic management system
EAU	cf.UAE
eb	élément binaire ==> binary digit
EB	eastbound ==> en direction de l'est
EBAA	European business aircraft association
EBAS	European business air show
EBB	enregistrement de bout en bout
EBBR	Brussels ==> Bruxelles
EBRD ==> BERD	European bank for reconstruction and development ==> Banque européenne pour la reconstruction et le développement
EBU	Saint Etienne ==> Saint Etienne
EBZZ	Belgium ==> Belgiquc
EC	Eurocopter
EC	European commission ==> Commission européenne
EC-	Spain ==> Espagne
EC-GPS	european complement-GPS
ECA	espace contrôlé de classe A
ECA	European cockpits association ==> Association européenne des cockpits
ECAC ==> CEAC	European civil aviation conference ==> Conférence européenne de l'aviation civile
ECAM	electronic centralized aircraft monitoring ==> surveillance électronique centralisée des paramètres de conduite,moniteur électronique centralisé de bord
ECARDA	european coherent approach to research and development in air traffic management ==> programme européen cohérent de recherche et développement technologique
ECATA	European consortium for advanced trainings in aeronautics
ECB	espace contrôlé de classe B
ECC	espace controlé de classe C

ECCM	electronic counter-countermeasures
ECD	emission capture detection
ECD	espace controlé de classe D
ECE	espace controlé de classe E
ECM ==> CME	electronic countermeasures ==> contremesures électroniques
ECMT ==> CEMT	European conference of ministers of transport ==> Conférence européenne des ministres des transports
ECPNL	equivalent continuous perceived noise level ==> niveau de bruit perçu continu équivalent
ECPNLD	ECPNL day ==> ECPNL de jour
ECPNLE	ECPNL evening ==> EPCNL le soir
ECPNLN	ECPNL night ==> ECPNL de nuit
ECR	electronic combat and reconnaissance
ECU	european curency unit ==> unité monétaire européenne
ED	emission index
EDARC	enhanced direct access radar channel
EDCT	estimated departure clearance time
EDD	electronic data display
EDDF	Frankfurt ==> Francfort
EDDM	Munchen ==> Munich
EDDN	Nurnberg ==> Nuremberg
EDF	Electricité de France
EDI	échange de données informatiques
EDI	Edinburgh ==> Edimbourg
EDIFACT	electronic data interchange for administration,commerces and trade
EDL	extended disk life ==> disque (de frein) de longue durèe
EDO	extended duration orbiter
EDS	explosive detection system ==> système de détection des explosifs
EDZZ	Germany ==> Allemagne
EEE	études,essais et expérimentation
EEIG	European economic interest group
EET	estimated elapsed time ==> durée totale estimée
EETN	Estonia ==> Estonie
EEZ	economique exclusion zone
EF	Eurofighter
EFA	european fighter aircraft ==> chasseur européen
EFAS	en-route flight advisory service ==> service consultatif en route
EFIS	electronic flight instrument system ==> système d'instruments de bord électroniques
EFL	english as a foreign language ==> anglais langue étrangère
EFMS	experimental flight management system ==> système expérimental de gestion des vols
EFP	plan de coopération Espagne-France-Portugal
EFTA	European free trade association ==> Association européenne de libre

	échange
EFZZ	Finland ==> Finlande
EGATS	EUROCONTROL guild of air traffic services ==> Guilde des contrôleurs d'EUROCONTROL
EGC	Bergerac ==> Bergerac
EGDN	ethylene glycol dinitrate ==> dinitrate d'éthylène glycol
EGHI	Southampton ==> Southampton
EGJB	Guernesey ==> Guernesey
EGKB	Biggin Hill ==> Biggin hill
EGKK	London Gatwick ==> Londres Gatwick
EGLL	London Heathrow ==> Londres Heathrow
EGMD	Lydd ==> Lydd
EGMN	mononitrate d'éthylène glycol
EGSS	London Stansted ==> Londres Stansted
EGT	exhaust gas temperature ==> température des gaz d'échappement
EGTE	Exeter ==> Exeter
EGU	European gliding union ==> Union vélivole européenne
EGZZ	United Kingdom ==> Royaume Uni
EHAM	Amsterdam ==> Amsterdam
EHEH	Eindhoven ==> Eindhoven
EHF	extremely high frequency ==> fréquence extrêmement haute
ehp	equivalent horsepower
EHZZ	Pays Bas ==> Netherlands
EI	Aer Lingus
EI-,EJ-	Ireland ==> Irlande
EICAS	engine indication and crew alerting system ==> système d'affichage des paramètres moteurs et d'alerte de l'équipage
EICK	Cork ==> Cork
EIN	Aer Lingus
EIN	Eindhoven ==> Eindhoven
EIRP	puissance isotrope rayonnée équivalente
EIZZ	Ireland ==> Irlande
EJA	executive jet aviation(F)
EJI	Eurojet Italiana
EK-	Emirates ==> Emirats
EKRK	Kobenhaven ==> Copenhague
ekW	equivalent kilowatt ==> kilowatt équivalent
EKZZ	Denmark ==> Danemark
EL-	Liberia ==> Libéria
ELAC	elevator aileron computer
ELBA ==> RBDA	emergency location beacon-aircraft ==> radiobalise de détresse fonctionnant automatiquement à l'impact
ELDO	Organisation européenn de développement des lanceurs
ELEV,Elev	elevation ==> altitude topographique

ELFIN	european laminar flow investigation
ELINT,elint	electronic intelligence
ELISA	élaboration des informations de la situation aérienne (F)
ELOD	en-route sector load ==> charge du secteur en route
ELR	extra long range ==> extra long rayon d'action
ELS	electronic library system ==> librairie électronique de bord
ELS	emitter locator system
ELSA	élaboration de la situation aérienne(F)
ELT	emergency locator transmitter ==> émetteur de localisation d'urgence
ELT	english language teaching ==> enseignement de l'anglais
ELV	expendable launch vehicle
EM,Em	emission ==> émission
EMA	East Midlands
EMB	Embraer
EMBD,Embd	embedded in a layer ==> noyé dans une couche
EMD	engineering and manufacturing development
EMERG,Emerg	emergency ==> urgence
EMI	electromagnetic interference ==> interférence électromagnétique
EMP	electromagnetic pulse ==> impulsion électromagnétique
EMS	Emergency medical service(US)
EMS	extinguisher maintenance station
EMSE	electromagnetic shockwave emitter ==> émetteur d'onde de choc électromagnétique
EN,En	english ==> anglais
ENAC	Ecole nationale de l'aviation civile (F)
ENAER	Empressa nacional de aeronautica (Chili)
END	stop-end ==> extrémité d'arrêt
ENE	east-north-east ==> est nord est
ENEAM	Ecole nationale de l'aviation civile malgache
ENG,Eng	engine ==> moteur
ENR	en route ==> en route
ENRI	Institut de recherche en électronique de navigation(Japon)
ENRT	en route ==> en route
ENS	Enschede ==> Enschede
ENSAE,Sup'Aéro	Ecole nationale supérieure de l'aéronautique et de l'espace (F)
ENSEEIHT	Ecole nationale supérieure d'électronique d'électrotechnique d'informatique et d'hydraulique de Toulouse
ENSICA	Ecole nationale supérieure des industries de la construction aéronautique (F)
ENSMA	Ecole nationale supérieure de mécanique et d'aérotechnique (F)
ENTE	Ecole nationale des techniciens de l'équipement (F)
ENTPE	Ecole nationale des travaux publics de l'état (F)
ENZZ	Norway ==> Norvège
EO	electro-optical ==> opto électrique

EOBT	estimated off-block time ==> heure estimée de départ de l'aire de stationnement
EOF	emergency operations facility
EOS	earth observation system ==> système d'observation de la terre
Eosat	earth observation satellite ==> satellite d'observation terrestre
EOSDIS	earth observing system data and information system
EP-	Islamic republic of Iran ==> République islamique d'Iran
EPA	Environmental protection agency (US)
EPAC	etablissement public aéroportuaire consulaire
EPAG	Ecole de pilotage Amaury de la Grange (F)
EPC	étage principal cryogénique ==> cryogenic stage
EPL	élève pilote de ligne
EPL	Epinal ==> Epinal
EPLRS	enhanced position location reporting system
EPN	effective perceived noise ==> bruit effectif perçu
EPNdB	unité de mesure de l'EPN
EPNER	Ecole du personnel navigant d'essai et de réception (F)
EPNL	effective perceived noise level ==> niveau de bruit effectif perçu
EPOPEE	programme d'étude ergonomique de poste de pilotage
EPR	engine pressure ratio ==> taux de compresssion moteur
EPS	étage \propergol stockable\ ==> \storable propelant\ stage
EPU	emergency power unit
EPZZ	Poland ==> Pologne
EQA	European quality alliance
EQIMG	Equipment industrial management group
EQPT,Eqpt	equipment ==> équipement
ER	extended range ==> rayon d'action étendu
ER	here...,herewith
ERA	European regional airlines association ==> Association des compagnies aériennes régionales européennes
ERASMUS	European robotics,automation,simulation and mission utilisation support
ERATO	En-route air traffic organization
ERBE	earth radiation budget experiment (NASA)
ERINT	extended range interceptor ==> intercepteur à rayon d'action étendu
ERIP	EAD remote interface package
ERM	en-route metering
EROPS	extended-range operations
ERP	effective radiated power ==> puissance rayonnée effective
ERR	établissement à régime restrictif (F)
ERS	european remote sensing
ERS	european remote sensing satellite
ERSP	european supersonic research programme
ES,Es	espagnol ==> spanish

ESA ==> ASE	European space agency ==> Agence spatiale européenne
ESAS	enhanced situational awarness system(US)
ESC	engine support center(US)
ESD	electric system division
ESE	east-south-east ==> est sud est
ESIA	Ecole supérieure internationale aéronautique
ESIG	Evans and Sutherland image generator
ESM	electronic signal monitoring
ESM	electronic surveillance measures,electronic support measures
ESMA	cf. AGECS ==> ESMA
ESMA	Ecole supérieure des métiers de l'aéronautique(F)
ESMAC	Ecole supérieure des métiers de l'aviation civile (Turquie)
ESMMC	enhanced SMMC ==> SMMC amélioré
ESP	en-route spacing program ==> programme d'espacement en route
ESP	english for specific purpose
ESSA	enhanced situational-awareness system
ESSA	Stockholm ==> Stockholm
ESSCO	Electronic space systems corp(US)
EST	electronic-support training
EST,Est	estimate,estimated,estimation ==> estimé,estimer,estimation
ESTA	Ecole supérieure des techniques aérospatiales (F)
ESTACA	Ecole supérieure des techniques aéronautiques et de construction automobile (F)
ESTEC	European space research and technology center
ESZZ	Sweden ==> Suède
ET-	Ethiopia ==> Ethiopie
ETA	estimated time of arrival,estimating arrival ==> heure d'arrivée prévue, arrivée prévue
ETCA	Etablissement technique central de l'armement
ETD	estimated time of departure,estimating departure ==> heure de départ prévue,départ prévu
ETDN	electronic ticket delivery network ==> réseau électronique de délivrance des billets
ETG	enhanced target generator
ETIPS	electro-thermal ice protection system ==> dégivrage thermoélectrique
ETM	enhanced thematic mapper
ETO	estimated time over significant point ==> heure estimée de passage au point significatif
ETOPS	extended-range twin-engine operations
ETOPS	extended-range twin-jet operations
ETPS	Empire test pilots' school(UK)
ETS	écran tactile de synthèse
ETW	european transonic windtunnel ==> soufflerie transonique européenne
ETZ	Metz Nancy ==> Metz Nancy

EUI	Euralair International
EUM	Europe mediterranean region ==> région Europe Méditerranée
EUR	Europe region ==> région Europe
EURAM	european research in advanced materials
EURATN	european aeronautical telecommunication network ==> réseau européen des télécommunications
EURECA	european retrievable carrier
EURET	european research programme for transport ==> programme européen de recherches dans les transports
EURFCB	European frequency co-ordonating body (OACI)
EUROAVIA	Association européenne d'étudiants en aéronautique
EUROCAE	European organization for civil aviation equipment ==> Organisation européene pour l'équipement de l'aviation civile
EUROCONTROL	European organization for the safety of air navigation ==> Organisation européenne pour la sécurité de la navigation aérienne
Euromart	european cooperation measures for aeronautical research and technology
EURPOL	groupe de travail sur les questions politiques intra-européennes
EV	vitesse par rapport à l'air
EV,Ev	every ==> chaque
EVA	écran de visualisation d'aérodrome
EVA	extravehicular activity
EVASAN	évacuation sanitaire
EVRA	Latvia ==> Lettonie
EVRD	cf.MVL
EVS	enhanced-vision system
EW	electronic warfare
EWR	New-York Newark ==> New-York Newark
EWSM	early-warning support measures
EXC,Exc	except ==> excepté
EXER,Exer	exercises,exercising,to exercise ==> exercice,exerçant,exercé
EXP,Exp	expect,expected,expecting ==> attendez vous à...,attendu,s'attendant à...
EXTD,Extd	extend,extending ==> s'étend,s'étendant
EYT	cf.SNEAS
EYVN	Lituania ==> Lituanie
F	degrees Fahenheit ==> degrés Fahrenheit
F	farad ==> farad
F	fixed light ==> feu fixe
F	fixed ==> fixe
F&E	facilities and equipment
F-	France ==> France
F100	Fokker 100
F1A	telegraphy by frequency shift keying ==> modulation télégraphique

	par déplacement de fréquence
F1C	facsimile by direct frequency modulation of the carrier ==> fac-similé par modulation directe en fréquence de l'onde porteuse
F27	Fokker 27
F28	Fokker 28
F28A	Fokker 28/1000
F28B	Fokker 28/4000
F28C	Fokker 28/2000
F2A	telegraphy by the on-off keying ==> modulation télégraphique par tout ou rien
F3E	telephony ==> téléphonie
F3F	television ==> télévision
F50	Fokker 50
F7B	four-frequency diplex telegraphy ==> télégraphie duoplex à quatre fréquences
FA	final approach ==> approche finale
FA	Frangible aids group (OACI) ==> Groupe des obstacles frangibles
FA27	Fairchild F 27
FAA	Federal aviation administration (US)
FAAD	forward area air defense(US)
FAATC	FAA technical center
FAC	Federal airports corporation(Australie)
FAC	forward air control
FAC,Fac	facilities ==> installations et services
FACh	Force aérienne chilienne
FADEC ==> RENPAR	full authority digital electronic control,full authority digital engine control system ==> régulation numérique pleine autorité redondante
FAF	final approach fix ==> repére d'approche finale
FAF	Forces aériennes françaises ==> French air force
FAG	Francfort Main AG ==> aéroport de Francfort
FAI	Fédération aéronautique internationale
FAJS	South Africa ==> Afrique du sud
FAL	facilitation of international air transport ==> facilitations du transport aérien international
FANS	future air navigation system ==> future système de navigation aérienne
FANSTIC	future ATC new systems and technologies impact on cockpit
FAO	Faro ==> Faro
FAP	final approach point ==> point d'approche finale
FAR	federal aviation regulations,requirements(US)
FAR	force d'action rapide(F)
FASA	future advanced small aircraft
FAST	Farnborough air sciences trust
FAST	final approach spacing tool

FATAC	forces aériennes tactiques(F) ==> tactical air force
FATCU	Federation of air traffic controllers' unions(Russie)
FATMI	finnish ATM integration program
FATO	final approach and take-off area ==> aire d'approche finale et de décollage
FAX	facsimile transmission ==> transmission en fac-similé
FBL	light ==> léger
FBO	fixed-based operator
FBS	fixed based simulation,simulator
FBW	fly-by-wire
FC	funnel cloud ==> trombe
FCAICA	Federal center for aeronautical information of civil aviation(Russie)
FCB EUR	Frequencies coordination bureau Europe ==> Unité européenne de coordination des fréquences
FCC	Federal communications commission(US)
FCST,Fcst	forecast ==> prévision,prévu
FCT	foreign comparative testing programme
FCU ==> PA	flight control unit ==> pilote automatique
FD ==> DV	flight director ==> directeur de vol
FDAD	full digital ARTS display
FDAU	flight data acquisition unit
FDDI	fiber distributed data interface
FDEP	flight data entry and printout
FDF	Fort de France ==> Fort de France
FDFM	flight data flow management group
FDI-O	flight data input-output ==> entrée-sortie des données de vol
FDP	flight plan processing system (Japon) ==> systéme de traitement des plans de vol
FDPS	flight data processing system
FDR	flight data recorder ==> enregistreur des données de vol
FDS	flight direction system
FDS	fuel dumping system ==> vite-vite,systéme de larguage du carburant
FDSU	flight data storage unit
FE	faisceau d'électrons
FE&D	facilities,engineering and development
FEASI	Federal express aviation services inc.(US)
FEATS	future european ATS ==> futur systéme européen des services de la circulation aérienne
FEB,Feb	february ==> février
FEDEX	Federal express(US)
FEM	Fédération européenne des métallurgistes
FET	field effect transistor ==> transistor à effet de champ
FETS	flight evaluation test system
FEWS	follow-on early warning system

FEZ	Fes ==> Fez
FF	Tower Air
FFA	Fédération française aéronautique
FFA	Fédération française d'aérostation
FFAC	Fédération française des aéronefs de collection
FFAM	Fédération française d'aéromodélisme
FFCC	forward facing crew cockpit ==> appareil conçu pour le pilotage à deux
FFG	Fédération française de giraviation
FFOCT	Fédération française des organisateurs et commissionnaires de transport
FFP	Fédération française de parachutisme
FFP	frequent-flyer programme
FFS	full flight simulator
FFULM	Fédération française d'ultra-légers motorisés
FFVL	Fédération française de vol libre
FFVV	Fédération française de vol à voile ==> French gliding authority
FG	Ariana Afghan Airlines
FG,Fg	fog ==> brouillard
FGA	fighter ground-attack ==> chasseur d'attaque au sol
FGCTE	Fédération des grands corps techniques de l'état (F)
FH	faisceau hertzien
FH	flight hour ==> heure de vol
FHPCP	flexible heat pipe cold plate
FI	fiche d'intervention(F)
FI	Flight international
FI	Icelandair
FIAO	flight inspection area office(US)
FIAS	Formation internationale aéronautique et spatiale(F)
FIC ==> CIV	flight information center ==> centre d'information de vol
FIFO	first in first out ==> premier entré premier servi
FIFO	flight inspection field office
FIGS	formation integrated gateway subsystem
FIR	flight information region ==> région d'information de vol
FIRST	flexible independent radar skills trainer
FIS	flight information service,sector ==> service,secteur d'information de vol
FISA	automated FIS ==> FIS automatique
FJC	Falcon jet corp.
FK27	Fokker 27
FK50	Fokker 50
FL,Fl	flight level ==> niveau de vol
FLA ==> ATF	future large aircraft ==> avion de transport future
FLAGE	flexible,lightweight,guided experiment programme(US)

FLAM	Falcon laminaire(F)
Flash	first level of advanced interfaces before simulation on Hegias test-bed
FLASH	fly-by-wire avanced systems hardware
FLD,Fld	field ==> champ
FlexTO	flexible take-off
FLG,Flg	flashing ==> à éclats
FLI	Australian flying training school
FLIR	forward-looking infra red
FLIRECP	flight recorder panel ==> groupe d'experts sur les enregistreurs de vol (OACI)
FLOEast	Réunion officieuse de régulation-Europe est
FLOPS	floating-point operations per second ==> opérations en virgule flottante par seconde
FLOWest	Réunion officieuse de régulation-Europe ouest
FLR	Firenze ==> Florence
FLR,Flr	flares ==> brûlots
FLT,Flt	flight ==> vol
FLTCK	flight check ==> vérification en vol
FLUC,Fluc	fluctuating,fluctuation,fluctuated ==> fluctuant,fluctuation
FLW,Flw	follow(s),following ==> suit,suivant
FLY,Fly	fly,flying ==> voler,volant
Flyrt	flying radar target ==> cible radar volante
FM	Frequency management group (OACI) ==> Groupe de gestion des fréquences
FM	frequency modulation ==> modulation de fréquence
FM,Fm	from... ==> de...,à partir de...,depuis...
FMA	flight margin assessment
FMA	flight mode anunciator
FMC	flight management computer ==> calculateur de gestion des vols
FMEE	Saint Denis (La Réunion) ==> Saint Denis
FMGC	flight management guidance computer
FMGEC	flight management guidance envelope computer
FMGS	flight-management and guidance system
FMO	Munster ==> Munster
FMP	flow management position ==> position de gestion du flux
FMS	flight management system ==> système de gestion de vol
FMS	foreign military sale
FMS	full mission simulator
FMV	Swedish defense materiel administration
FNA	Fédération nationale aéronautique (F)
FNA	final approach ==> approche finale
FNA	Freetown ==> Freetown
FNAM	Fédération nationale de l'aviation marchande (F)
FNAM	Fondation nationale de l'aviation marchande(F)

FNC	Funchal ==> Funchal
FNF	Forces aéronavales françaises ==> French naval air force
FNI	Nimes ==> Nîmes
FOCSI	fiber optic control system integration
FOCUS	flight operation computer system
FOD	foreign object dammage
FOG	fibre-optic gyro
FOM	figure of merit ==> facteur de mérite
FOPS	future operational procedures for advanced ATC
FOQA	flight operational quality assurance
FORTRAN	formula translating system
FOST	fast oil spill team
FOV	field of view ==> champ de vision
FPA	flight path angle
FPA	focal-plane-array
FPAG	Fédération des professionnels de l'aviation générale(F)
FPASD	flight plan air situation display
FPC	formation de pilote complémentaire,formation pratique complémentaire
FPL	filed flight plan ==> plan de vol déposé
FPL ==> PLN	flight plan ==> plan de vol
FPM	feet per minute ==> pieds par minute
FPR	flight plan route ==> route indiquée au plan de vol
FPV	flight path vector
FR	flight refuelling ==> avitaillement en vol
FR	fuel remaining ==> carburant restant
FR,Fr	french ==> français
FRA	Forces royales aériennes(Maroc)
FRA	Frankfurt ==> Francfort
FRACAS	failure reporting analysis and corrective action system
FRADU	fleet requirements and air direction unit
FREQ,Freq	frequency ==> fréquence
FRF	franc français
FRI,Fri ==> VEN	friday ==> vendredi
FRNG,Frng	firing ==> tir
FRONT,Front	front ==> front
FRQ,Frq	frequent ==> fréquent
FRS	Flandre Air
FSAS	flight service automation system
FSC	Figari ==> Figari
FSC	Friendship simulation company
FSD	full-scale development
FSDO	Flight standards district office(US)

FSDPS	flight service data processing system
FSI	Flight safety international(US)
FSL	full stop landing ==> atterrissage et arrêt complet
FSP	flight strip printer ==> imprimante de strips
FSS	flight service station ==> station d'information de vol
FST	first ==> premier
FSTN	Federal secure telephone network (US)
ft,FT	foot ==> pieds
ft/min	feet per minute ==> pieds par minute
FTBO	flight time between operations
FTC	Fokker training center ==> Centre de formation Fokker
FTD	flight training devices(US)
FTE	formation au travail en équipage
FTNC	fault tolerant network computing
FTR	Finistair
FTRG	full training readiness group(US)
FTS	Fourier transform spectrometer
FU	Air Littoral (F)
FU,Fu	smoke ==> fumée
FV	Viva air
FWC	flight warning computer
FWC	Flight work corporation (US)
FY	fiscal year ==> année fiscale
FZ,Fz	freezing ==> se congelant,givrant
FZAZ	Zaïre ==> Zaïre
FZDZ	freezing drizzle ==> bruine givrante
FZFG	freezing fog ==> brouillard givrant
FZRA	freezing rain ==> pluie givrante
g	normal acceleration ==> accélération de la pesanteur
G	green ==> vert
G	United Kingdom ==> Royaume Uni
G MATS	GEC-Marconi air traffic system
G/A	ground-to-air ==> sol-air
G/A/G	ground-to-air and air-to-ground ==> sol-air et air-sol
G159	Grumman Gulfstream
GA	Garuda Indonesia Airways
GA	go around
Gaar	guets aériens armés (F)
GAAS	generic approach to ATM system
GADS	système d'affichage de position d'avion par \générique\ (Autriche)
GAF	German air force
GAF	Gesellschaft für angewandte ferverkundung
GAMA	General aviation manufacturers association (US)

GAMAERO société issue d'un accord Aérospatiale-GAMCO
GAMCO Gulf aircraft maintenance co.
GAMECO Guangzhou aircraft maintenance co(Chine)
GAMMA ground-based maintenance management(F)
GAO General accounting office(US)
GAP cf.APU
GARTEUR Group of aeronautical research and technology in Europe
GASSE système de contrôle d'accés de Bâle-Mulhouse
GATCO Guild of air traffic controllers(UK)
GATERS geographical associated text retrieval system
GATSS global air transportation systems and services
GATT general agreement on tariffs and trade
GAVS groupe aéroportuaire des vols sensibles (F)
GBE Gaborone ==> Gaborone
GBR ground based radar ==> radar au sol
GBTS ground based training system
GCA ground controlled approach system,ground control approach ==> approche contrôlée du sol
GCAS ground collision avoidance system ==> systéme de prévention des collisions au sol
GCC Gulf corporation council
GCCS système de guidage du contrôle de la circulation de surface
GCI ground-controlled interception
GCTA gestion des courants de trafic aérien
GD General dynamics
GDN gestion des mouvements d'aérodrome
GDOP facteur representatif de la géomètrie utilisateur satellite(GPS)
GDP gross domestic product
GDS global designation system
GDS global distribution system
GDTA groupement pour le développement de la télédétection aérospatiale
GE,GEC General electric(US)
GEA General electric aerospace
GEAE GE aircraft engines
GEARS geopositioning aviator radio system(US)
GEBTA Guild of european business travel agents
GECAS General electric capital aviation services (Irlande)
GECC General electric capital company
GEDARC Groupe d'experts en détection automatique et résolution des conflits(F)
GEFRA Groupe d'experts sur les futurs arrangements de réglementation du transport aérien international
GEM generic EW module
GEMS global environment management system (Espagne)

GEN	notions générales pour la planification
GEN,Gen	general ==> général
GEO	geostationary earth orbit ==> orbite des satellites géostationnaires
GEO	geostationary ==> géostationnaire
GEO,Geo	geographic,true ==> géographique,vrai
GEODE	granule élémentaire organisant les données et les entrées ==> elementary module for data and inputs
GEOSTAR	système de satellites géostationnaires
GEPNA	cf.EANPG
GERAC	Groupe de coordination RSTA-SFA Europe
GES	ground earth stations ==> stations terriennes au sol
GESAC	Groupe des experts de suretê de l'aviation civile (F)
GESP	Government engines and space propulsion(US)
GESPER	base de données de gestion du personnel (F)
GF	Gulf Air
GFE	government furnished equipment
GFO	geosat follow-on satellite
GHA	Ghardaia ==> Ghardaia
GHRI	guidage hybride radio inertiel
GIC	GPS integrity channel,GPS integrity complement
GIFAS	Groupement des industries françaises aéronautiques et spatiales ==> French aerospace industries association
GIGAT	Groupement des industries concernées par les matériels de défense terrestre ==> Association of industries involved in land defense hardware
GIM	galactica net interface module
GINAs	GPS inertial navigation assemblies(US)
GIS	geographic information system ==> systéme d'information géographique
GIVS	Groupe interministériel des vols sensibles (F)
GLA	Glasgow ==> Glasgow
GLD,Gld	glider ==> planeur
GLONASS	global navigation satellite system (Russie)
GLS	GPS landing system ==> systéme d'atterrissage au GPS
GMA	General motors-Allison
GMAv	GEC-Marconi avionics
GMC	aerodrome ground movement chart ==> carte des mouvements à la surface de l'aérodrome
GMCT	ground movement control system
GMDL	GEC Marconi dynamics and Lear astronics
GMMN	Casablanca ==> Casablanca
GMS	générateur multi-spectre
GMZZ	Morocco ==> Maroc
GN	Air Gabon

GNAS	general national airspace system(US)
GNB	Grenoble ==> Grenoble
GND,Gnd	ground ==> sol
GNDCK	ground check ==> vérification au sol
GNSS	global navigation satellite system ==> système de navigation globale par satellite
GNSSP	Global navigation satellite system panel ==> Groupe d'experts sur le GNSS
go	accélération de la pesanteur au niveau de la mer
GOCC	global operations control center(US)
GOES	geostationary operational environmental satellite
GOETHE	gestion optimisée experte du trafic pour en harmoniser l'écoulement (F)
Gome	global ozone monitoring experiment
Gomos	global ozone monitoring by occultation of stars
GOPD	geometric dilution of precision
GOT	gestion optimisée du trafic ==> optimised traffic management
GOT	Goteborg ==> Goteborg
GOU	Garoua ==> Garoua
GP	general purpose ==> système général de communication
GP	glide path ==> alignement de descente de l'ILS
GPA	Guiness Peat aviation
GPALS	global protection against limited strike
GPIA	Groupe de pilotage de l'information des aérodromes
GPO-GPI	general purpose output-general purpose input
GPPA	Groupement pour la préservation du patrimoine aéronautique
GPS	global positioning system
GPU	ground powered unit
GPWS	ground proximity warning system ==> avertisseur de proximité de sol
GR	gram ==> gramme
GR,Gr	hail,soft hail ==> grêle,grésil
GRADU,Gradu	gradual,gradually ==> graduel,graduellement
GRANAS	global radio navigation system ==> systéme de radionavigation global
GRASS	grass landing area ==> aire d'atterrissage gazonnée
GREPECAS	CAR/SAM regional planning and implementation group (OACI)
GRGS	Groupe de recherche de géodésie spatiale (F)
GRID	processed meteorological data in the form of grid point values ==> données météorologiques traitées sous forme de valeurs aux points de grille
GRP	glassfibre-reinforced plastic
GRP,Grp	group(of aircraft) ==> groupe(d'avions)
GRQ	Groningen ==> Groningen
GRT	véhicule de mesure de l'adhérence

GRVL,Grvl	gravel ==> gravier
GS	glideslope(of ILS) ==> pente de descente(de l'ILS)
GS	ground speed ==> vitesse sol
GSAC,Gsac	Groupe pour la sécurité de l'aviation civile (F)
GSD	Gad Shaanan design
GSE	ground-support equipment
GSEN	Groupe de spécification et d'évaluation nationale (F)
GSLW	geosynchroneous satellite launch vehicle
GSTS	ground based surveillance and tracking system(US)
GTA	Gendarmerie des transports aériens (F)
GTAGG	joint turbine advanced gas generators
GTAR	Groupement d'intérêt économique GEC-Thomson airborne radars
GTO	geostationary transfert orbit ==> orbite de transfert géostationnaire
GTO	geosynchroneous transfer orbit
GTP	Groupe de travail permanent CESR
GTS	gas-turbine starter
GUI	geographical user interface
GUP	Groupe des utilisateurs PHIDIAS ==> PHIDIAS users' group
GV	grande visite
GVA	Genève ==> Geneva
GVAC	Cabo Verde islands ==> Iles Du Cap Vert
GX	Royal airlines,Conifair aviation
Gy	gray ==> gray
h	hour ==> heure
H	henry ==> henry
H	homing radio beacon ==> balise de ralliement
H24	continuous day and night service ==> service permanent de jour et de nuit
H3E	single sideband,full carrier ==> bande latérale unique,onde porteuse complète
H4-	Solomon islands ==> Iles Salomon
HA-	Hungary ==> Hongrie
HABE	high altitude balloon experiment
HAC	hélicoptère anti-char ==> antitank helicopter
HACTL	Hong Kong air cargo terminals limited
HAECO	Hong Kong aircraft engineering company
HAI	Helicopter association international
HAI	Hellenic aerospace industry
HAJ	Hannover ==> Hanovre
HAL	Hindustan aeronautics limited
HALE	high altitude long endurance
HAM	Hamburg ==> Hambourg
HAMADARD	hôte ADA pour l'amélioration du traitement multiradar pour la décennie 90 (F)

HAN	Hanoï ==> Hanoï
HAP	cf.EAT
HARA	Helicopter airborne radar approach specifications group (OACI)
HARM	high-speed antiradiation missile
HARV	high angle-of-attack research vehicle
HAUT,Haut	cf.HGT
HAV	Habana ==> La Havane
HAWOP	Guidance material on helicopter all-weather operations group (OACI)
HB-	Liechtenstein ==> Liechtenstein
HB-	Switzerland ==> Suisse
HBN	hazard beacon ==> phare de danger
HC-	Ecuador ==> Equateur
HCI	human computer interface
HDDMC	High-definition display manufacturing consortium(US)
HDF	high frequency direction-finding station ==> station radiogoniométrique haute fréquence
HDG,Hdg	heading ==> cap
HdH	Hawker de Havilland
HDMI	high-density multichip interconnect
HDOP	composante horizontale du PDOP(GPS)
HDV	heure de vol
IIECA	Cairo ==> Le Caire
HEGIAS,Hegias	host for experimental graphical interfaces and advanced automation systems
HEL	Helsinki ==> Helsinki
HEL,Hel	helicopter/helicoptère
HEL-H	helicopter heavy/hélicoptère lourd
HEL-L	helicopter light/hélicoptère léger
HEL-M	helicopter medium/hélicoptère moyen
HELIOPS	Helicopter operations panel ==> Groupe d'experts de l'exploitation des helicopters
HER	Hex'Air
HEZZ	United Arab republic ==> République arabe unie
HF	Flight safety and human factors group (OACI)
HF	high frequency/haute fréquence
HFD	haut fonctionnaire de défense (F)
HFDN	haut fonctionnaire chargé des mesure de défense nationale
HGS	head up guidance system
HGT,Hgt/HAUT	height,height above/hauteur,hauteur au dessus de
HH-	Haïti ==> Haïti
HI	high light intensity ==> haute intensité lumineuse
HI-	Dominican republic ==> République dominicaine
HI-VIZ	high vision
HIADC	highly integrated air-data computer

HIDEC	highly integrated digital electronic control
HIRF	high-intensity radiated field
Hispars	high speed pattern analysis and representative system(F)
HITT	Holland institute of traffic technology
HIV,Hiv	cf.WIN
HIWAS	hazardous in-flight weather advisory services
HJ	sunrise to sunset,day time ==> du lever au coucher du soleil,horaire de jour
HJCK	hijacking ==> détournement
HK-	Columbia ==> Colombie
HKG	Hong Kong ==> Hong Kong
HKNA	Kenya ==> Kenya
HL	hectolitre ==> hectolitre
HL	height loss ==> marge de perte de hauteur,erreur altimétrique
HLDG,Hldg	holding ==> attente
HLFC	hybrid laminar flow control
HLFN	hybrid laminar flow nacelle
HLZZ	Lybia ==> Lybie
HM	Air Seychelles
HMD	head medium display
HMD	helmet-mounted display
HMI ==> IHM	human-machine interface ==> interface homme-machine
HN	sunset to sunrise,during night ==> du coucher au lever du soleil,horaire de nuit
HNL	niveau de bruit-base horaire (Californie)
HNVS	Hughes night vision system
HO	service available to meet operational requirements ==> service disponible selon les besoins de l'exploitation
HOL,Hol	holydays ==> vacances,jours fériès
HOR,Hor	horaire,à heure fixe ==> time,fixed schedule
HOSP,Hosp	hospital aircraft ==> aéronef hopital
HOTAS	hands on throttle and stick ==> mains sur manette des gaz et manche
HOU	Houston ==> Houston
hp	horsepower ==> cheval vapeur
HP	high pressure ==> haute pression
HP-	Panama ==> Panama
HPA	high-power amplifier ==> amplificateur grande puissance
hPa,HPA	hecto pascal ==> hecto pascal
HPH	Handley Page H
HPP	hangar parapluie
HPR	high performance radar ==> radar à grandes performances
HPR	high-power receiver ==> récepteur à grande puissance
HQ	Business express
HR	Honduras ==> Honduras

HR,Hr	hours ==> heure
HRE	Harare ==> Harare
HRS	Hotavia restauration service(F)
HS	cf.US ==> HS
HS	service available during hours of scheduled operations ==> service disponible aux heures des vols réguliers
HS-	Thailand ==> Thaïlande
HS7	Hawker S 748
HSCT	high speed civil transport,high speed commercial transport
HSI	horizontal situation indicator
HSRP	high-speed research program
HT	heures totales
HUD	head up display ==> visualisation tête haute,viseur clair
HUD	housing and urban development ==> urbanisme
HUMS	health and usage monitoring system
HURCN,Hurcn	hurican ==> ouragan
HVDF	high and very high frequency direction-finding stations ==> stations radiogoniomètriques haute et trés haute fréquences
HVY,Hvy	heavy ==> lourd
HX	no specific working hours ==> pas d'heures précises de fonctionnement
HYPR	hypersonic propulsion research programme(Japon)
HYR	higher ==> plus haut
HySTP	hypersonic system technology program (US)
HZ	dust haze ==> brume de poussière
Hz,HZ	hertz ==> hertz
HZ-	Saudi Arabia ==> Arabie saoudite
I	indice psophique
I-	Italia ==> Italie
I-O	input-output ==> entrée-sortie
IAAG	Institut Amaury de la Grange(F)
IAC	ingénieur de l'aviation civile (F)
IAC	instrument approach chart ==> carte d'approche aux instruments
IAC	International aerobatic club
IAC	International aeroclub
IAC	Interstate aviation committee(Russie)
IACA	Institut aéronautique Clément Ader
IACA	International air carriers association
IACA	International association of charter airlines
IACTFLAP	International airlines' council on the teaching of foreign languages to airline personnel
IAE	International aero engines
IAF	initial approach fix ==> repère d'approche initiale
IAG	Independent aviation group

IAH	Houston ==> Houston
IAI	Israël aircraft industries
IAI	Israel Aircraft International
IAL	International aeradio limited
IAL	International air leases
IALCO	International airlines language conference
IAM	International association of machinists
IAMTI ==> IIFGA	International aviation management training institute ==> Institut international de formation en gestion aéronautique civile
IAO	in and out of clouds ==> dans les nuages par intermittence
IAOPA	International council of aicraft owners and pilots association
IAPA	International airline passengers association
IAR	intersection of air routes ==> intersection de routes aériennes
IAS	indicated air speed ==> vitesse indiquée
IASC	International air services commission
IATA	International airlines transport association,international air transport association
IATB	Institut aéronautique de Toulouse Blagnac (F)
IATCU	international air traffic control unit
IATEFL	International association of teachers of english as a foreign language
IATM	International association of transport museums
IATT	instructeur adjoint de pilote privé (F)
IB	Ibéria
IBAA	Italian business aircraft association
IBAC	International business aviation council
IBN	identification beacon ==> phare d'identification
ICAO ==> OACI	International civil aviation organization ==> Organisation de l'aviation civile internationale
ICARE	integrated coupler for ATM research and experiment
ICAS	International council of the aeronautical sciences ==> Conseil international des sciences aéronautiques
ICC	international chamber of commerce
ICCAIA	International coordonating council of aerospace industries associations
ICE	icing ==> givrage
ICM	image compression module ==> module de compression d'image
ICNA	ingénieur du contrôle de la navigation aérienne(F)
ICNIA	integrated communicate navigation identification avionics
ICSS	integrated communications switching systems
ID,Id	identifier,identify ==> identification,identifiez
IDA	Institute of defense analysis(US)
IDAP	integrated defensive avionics programme
IDEC	integrated development and evaluation center
IDENT,Ident	identification ==> identification

IDEX	International defence exhibition(UAE)
IDLE	régime (moteur) ralenti
IDS	integrated dynamic system
IE	indice d'émission
IEC	International electrotechnical commission
IEEAC	ingénieur des études et de l'exploitation de l'aviation civile(F)
IENAC	ingénieur ENAC
IESSA	ingénieur électronicien des systèmes de la sécurité aérienne(F)
IEV	Kiev ==> Kiev
IF	intermediate approach fix ==> repère d'approche intermédiaire
IFALPA	International foundation of airline pilots associations
IFAPA	International foundation of airline passengers associations
IFATCA	international federation of air traffic controllers associations
IFCN	interfacility flow control network
IFE	in flight entertainment
IFES	in-flight entertainment system
IFF	identification friend or foe ==> identification d'aéronef ami ou ennemi
IFM	integrated flow management
IFOSTP	international follow-on structural test project
IFP	in-flight programme
IFPCS	integrated flight and propulsion control system
IFPI	In-flight phone incorporated
IFPS	initial flight plan processing system,initial flight planning system
IFPS	integrated initial flight plans processing system
IFR	instrument flight rules ==> régles de vol aux instruments
IFT	instrument flight trainer
IFTO	International federationof tour operators
IFURTA	Institut de formation universitaire et de recherche du transport aérien(F)
IG	Meridiana
IGA	international general aviation ==> aviation générale internationale
IGACEM	Inspection générale de l'aviation civile et de la météorologie(F)
IGE	in ground effect ==> effet de sol
IGN	Institut géographique national(F) ==> National geographic institute
IGS	instrument approach guidance system ==> système de guidage d'approche aux instruments
IHEDN	Institut des hautes études de la défense nationale(F)
IHI	Ishikawajima-Harima heavy industries(Japon)
IHM	cf.HMI
IHPTET	integrated high performance turbine engine technology
IIDS	integrated instrument display system
IIFGA	cf. IAMTI ==> IIFGA
IISMO	International inflight service management organization ==>

	Association internationale des gestionnaires de services en vol
IJ	TAT European Airlines
IL6	Iliushin 62
ILAS	improved limb atmospheric spectrometer
ILFC	International lease finance corporation
ILS	instrument landing system ==> systéme d'atterrissage aux instruments
ILW	Iliushin 86
IM	inner marker ==> radioborne intérieure
IMA	Institut de maintenance aéronautique(F)
IMAG	instrument de mesure automatique de glissance
IMC	instrument meteorological conditions ==> conditions météorologiques de vol aux instruments
IMG	immigration ==> immigration,contrôle des personnes
IMI	Israel military industries
IMK	increased maoeuvrability kit
IMLS	interim MLS
IMPR,Impr	improve,improving ==> s'améliore,s'améliorant
IMRI	International market research institute(Hong Kong)
IMT,Imt	immediate, immediately ==> immédiat,immédiatement
IMTEG	ILS-MLS transition evaluation group ==> groupe d'étude pour la transition ILS-MLS
IMU	inertial measurement unit
INA	initial approach ==> approche initiale
INAG	Institut national d'astronomie et de géophysique (F)
INBD,Inbd	inbound ==> en rapprochement,à l'arrivée
INC	in cloud ==> dans les nuages
INCERFA	uncertainty phase ==> phase d'incertitude
INFO,Info	information ==> information
INGENAC	Association des ingénieurs anciens élèves de l'ENAC
INIT	initialization ==> initialisation
INM	interacting multiple models
INMARSAT	international maritime satellite system
INN	Innsbruck ==> Innsbruck
INOP,Inop	inoperative ==> hors de fonctionnement
INP	if not possible ==> si impossible
INPASS	immigration and naturalization passenger accelerated service system
INPR	in progress ==> en cours
INRETS	Institut national de recherche sur les transports et la sécurité(F)
INS	Groupement européen d'intérêt économique Hurel Dubois-SHORTS
INS	inertial navigation system ==> systéme de navigation par inertie
INS,Ins	inches ==> pouces
INSTL,Instl	install,installed,installation ==> installer,installé,installation
INSTR,Instr	instrument ==> instrument
Int	interceptor ==> intercepteur

INT,Int	intersection ==> intersection
INTER,Inter	intermittent ==> intermittent,par intermittence
INTL,Intl	international ==> international
INTRG,Intrg	interrogator ==> interrogateur
INTRP,Intrp	imterrupt,interruption,interrupted ==> interrompez,interruption,interrompu
INTSF,Intsf	intensify,intensifying ==> intensification,s'intensifie
INTST,Intst	intensity ==> intensité
IOC	initial operational capability
IP	intermediate pressure
IPC	ingénieur des ponts et chaussées(F)
IPD	installation prioritaire de défense (F)
IPE	improved performance engine
IPECC	International passenger entertainement and communications conference
IPGP	Institut de physique du globe de Paris
IPMS	Institution of professionals,managers and specialists (UK)
IPP	imaging photopolarimeter
IPP	instructeur de pilote professionnel(F)
IPTN	Industri pesawat terbang nusantara(Indonésie)
IR	ice on runway ==> glace sur piste
IR	intra red ==> infra rouge
IR	Iran Air
IRAN	inspect and repair as necessary
IRCAM	infra red camera acquisition module
IRCM	infra-red countermeasures
IRIS	Institut de recherche et d'information socio-économique(F)
IRLS	infra-red line scanner
IRM	cf. MRI
IRMA	image radar des mouvements d'aéronefs (F),indicateur radar de mouvements avions
IRS	inertial reference system
IRSA	Institute of remote sensing applications(Chine)
IRST	infra red search and track
IRU	inertial reference unit
ISA ==> ATI	international standard atmosphere ==> atmosphère type internationale
ISAD	incorporation of security into aircraft design
ISARD	interface sol-air automatique de radiocommunications durcies
ISAS	Institute of space and astronautical science
ISB	Islamabad ==> Islamabad
ISB ==> BLI	independent sideband ==> bande latérale indépendante
ISCA	integrated simulator of controlled airspace
ISDN	integrated service digital network
ISIS	integral spare inspection system

ISL	Institut de saint Louis(F)
ISO	International standardization organization
ISOABE	Société internationale pour les moteurs aérobies
ISOL,Isol	isolated ==> isolé
ISPACG	Informal South Pacific ATS coordinating group
ISSS	initial sector suite system(IBM)
IST	Istanbul ==> Istamboul
ISTN	réseau de télécommunications par satellite entre installations(Canada)
ISU	International space university
IT	Air Inter (F)
IT	inclusive tour
ITA	Institut du transport aérien (F)
ITALD	improved tactical air launched decoy
ITDS	improved technical data system
ITEC	International turbine engine corporation
ITF	Air Inter (F)
ITI	Indal technology(US)
ITP	Industria de turbopropulsores(Espagne)
ITP	instructeur de vol à voile-premier niveau(F)
ITR	international transit route ==> route de transit internationale
ITRI	Industrial technology research institute(Taiwan)
ITSEC	industry training systems and education conference
ITT	instructeur de pilote privé (F)
ITT	inter-turbine temperature
ITU	cf.UIT
ITV	instructeur de vol à voile -deuxième niveau(F)
IVRS	interim voice response system
IVS	inseat video standard
IW	cf.AOM
IY-	Yemen ==> Yémen
IZM	Izmir ==> Izmir
J	joule ==> joule
J2-	Djibouti ==> Djibouti
J3-	Granada ==> Grenade
J3C,J3E,BLU	single sideband ==> bande latérale unique
J3E	cf.J3C
J6-	Santa Lucia ==> Sainte Lucie
J7-	Dominica ==> Dominique
J8-	Saint Vincent and the Grenadines ==> Saint Vincent et les Grenadines
JA-	Japan ==> Japon
JAA	Japan Asia airways
JAA	Joint airworthiness authorities

JACIG	Joints arms control implementation group
JADC	Japanese aircraft development company
JAL	Japan Airlines
JAN,Jan	january ==> janvier
JAR	joint aviation requirement
JAR FCL	JAR flight crew licencing
JAR SIM	JAR simulators
JAR VLA	JAR very light aircraft
JAS	Japan Air System
JASC	Japanese aerospace companies
JASDF	Japan air self-defence force
JAST	joint advanced strike technology
JATO	jet-assisted take-off ==> décollage assisté par réaction
JAWS	joint airport weather studies
JAZ	JAL big express
JCAB	Japan civil airworthiness board,Japan's civil aviation board,Japan civil aviation bureau
JCS	joint chiefs of staff's
JDA	Japan defence agency
JDAM	joint direct attack munition
JDB	acceleromètre à freinage James
JE	Manx Airlines
JEA	Jersey European Airway
JED	Jeddah ==> Jeddah
JEU,Jeu	cf.THU
JF	cf.HOL
JFK	New York J F Kennedy
JGSDF	Japan ground self-defence force
JIB	Djibouti ==> Djibouti
JKT	Jakarta ==> Djakarta
JL	cf.JAL
JMSDF	Japan maritime self-defence force
JNB	Johannesburg ==> Johannesbourg
JORF	journal officiel de la République française
JP	Adria Airways
JPDA	Joint probalistic data association
JPEG	Joint photographic expert group
JPL	Jet propulsion laboratory(US)
JPOPS	Japanese polar orbiting earth oservation platform
JPTAS	joint primary aircrew training system
JRO	Kilimandjaro ==> Kilimandjaro
JSC	Johnson space center(US)
JSOW	joint stand-off weapon

JSS	joint surveillance system
JSTARS	joint surveillance and target attack radar system
JT3	Jetstream
JTAGG	joint turbine advanced gas generator
JTIDS	joint tactical information distribution system
JTST,Jtst	jet stream/courant-jet
JUL,Jul	july ==> juillet
JUN,Jun	june ==> juin
JVN	jumelles de vision nocturne
JY	Jersey European Airways
JY-	Jordan ==> Jordanie
K	kelvin ==> kelvin
KAIA	King Abdul Aziz international airport(Arabie S)
KAIA	Korean aerospace industries association
KAL	Korean airlines
KANP	KAIA air navigational project
KARI	Korean aerospacial research institute ==> institut coréen de recherches aérospatiales
KDP	key decision point
KDZZ	USA
KE	Korean Air
KEL	Kelair
KEPD	kinetic energy penetrating destroyer
KFA	Kennforshungsanstalt
KFP	Korean fighter programme
kg,Kg,KG	kilogram ==> kilogramme
KGL	Kigali ==> Kigali
KGLS	kinematic GPS landing system
KHI	Karachi ==> Karachi
kHz,KHZ,KHz	kilohertz ==> kilohertz
KI	Air Atlantic
KIAC	Kansai international airport co.ltd.(Japon)
KJFK	New-York ==> New York
KL	cf.KLM
KLAX	Los Angeles ==> Los Angeles
KM	Air Malta
km,KM	kilometre ==> kilomètre
kmh,KMH	kilometres per hour ==> kilomètres par heure
KMIA	Miami ==> Miami
kN	kilonewton ==> kilonewton
kPa,KPA	kilopascal ==> kilopascal
KQ	Kenia Airways
KRK	Krakow ==> Cracovie

KRT	Khartoum ==> Khartoum
KSC	Kennedy space center
KSFO	San Francisco ==> San Francisco
Kt,KT	knot ==> noeud
KTM	Kathmandu ==> Kathmandou
KU	Kuwait Airways
KUL	Kuala Lumpur ==> Kuala Lumpur
kVA	kilovolt-amperes ==> kilovolt-ampéres
kW,KW	kilowatt ==> kilowatt
KWI	Kuwait ==> Koweit
L	left ==> gauche
L	litre ==> litre
L	locator ==> radiobalise
L10	Tristar
LAA	Libyan Arab Airlines
LAB	Lloyd aereo Boliviano
LACI	Lockheed aeromod centers
LAD	Luanda ==> Louanda
LADC	Lockheed advanced development co.
LADE	Lineas aereas del estado(Argentine)
LAER	Lineas aereas entre rios(Argentine)
LAGPS	local area GPS
LAI	Lannion ==> Lannion
LAM	Linea aerea misionera(Argentine)
LAM	Lineas Aereas de Mozambique
LAM	logical acknoweledgement ==> accusé de réception logique
LAN	inland ==> à l'intérieur des terres
LAN	LanChile
LAN	local-area network ==> réseau local
LANSA	Lineas aereas nacionales(Honduras)
LANTIRN	low altitude navigational targeting infra-red for night
LAS	Lockheed aircraft services
LAT,Lat	latitude ==> latitude
LATCC	London air traffic control centre
LATCO	Groupe d'étude sur les licences des contrôleurs de la circulation aérienne
LATT	light anti-turn twin
LAX	Los Angeles ==> Los Angeles
LB,lb	pound ==> livre
LBA	Le Bozec aéronautique
LBA	Leeds ==> Leeds
LBA	Luftfahrtbundesamt ==> autorité allemande de certification
lbf	pounds of thrust ==> poussée en livres

LBI	Albi ==> Albi
LBNP	lower body negative pressure
LBV	Libreville ==> Libreville
LBZZ	Bulgaria ==> Bulgarie
LC	landing chart ==> carte d'atterrissage
LCA	Larnaca ==> Larnaca
LCA	light combat aircraft ==> avion de combat léger
LCD	liquid crystal display ==> écran à cristaux liquides
LCLV	liquid crystal light valve
LCN	load classification number
LCN	local communication network ==> réseau local de communications
LCPC	Laboratoire des ponts er chaussées(F)
LCY	London City ==> Londres City
LCZZ	Cyprus ==> Chypre
LDA	landing distance available ==> distance utilisable à l'atterrissage
LDAH	distance utilisable à l'atterrissage (hélicoptère)
LDE	Lourdes-Tarbes ==> Lourdes-Tarbes
LDG,Ldg	landing ==> atterrissage
LDI	landing direction indicator ==> indicateur de direction d'atterrissage,Té
LDM	lateral deviation monitor ==> confirmeur(STNA)
LDZZ	Croatia ==> Croatie
LE	left engine ==> moteur gauche
LEBB	Bilbao ==> Bilbao
LEBL	Barcelona ==> Barcelone
LED	light-emitting diode ==> photodiode
LED	Saint Petersbourg ==> Saint Petersbourg
LEJ	Leipzig ==> Leipzig
LEL	laser à électrons libres
LEMD	Madrid ==> Madrid
LEN,Len	lenght ==> longueur
LEO	low earth orbit ==> orbite terrestre basse
Leq	niveau sonore équivalent continu
LETVIS	DOS based system for tower(Rép.Tchéque)
LEX	leading edge root extension
LEZZ	Canaries espagnoles
LF	loi de finances(F)
LF	low frequency ==> basse fréquence
LF35	Fromentine ==> Fromentine
LFAT	Le Touquet ==> Le Touquet
LFBD	Bordeaux ==> Bordeaux
LFBH	La Rochelle ==> La Rochelle
LFBO	Toulouse ==> Toulouse

LFBP	Pau Pyrénèes ==> Pau Pyrénèes
LFBZ	Biarritz ==> Biarritz
LFC	laminar flow control
LFCR	Rodez ==> Rodez
LFCY	Royan ==> Royan
LFEC	Ouessant ==> Ouessant
LFEY	Ile d'Yeu ==> Ile d'Yeu
LFGJ	Dôle ==> Dôle
LFI	loi de finances initiale (F)
LFJL	Metz Nancy Lorraine ==> Metz Nancy Lorraine
LFKB	Bastia ==> Bastia
LFKF	Figari ==> Figari
LFKJ	Ajaccio Campo Dell Oro ==> Ajaccio Campo Dell Oro
LFLB	Chambéry ==> Chambery
LFLC	Clermont Ferrand ==> Clermont Ferrand
LFLJ	Courchevel ==> Courchevel
LFLL	Lyon ==> Lyon
LFLO	Roanne ==> Roanne
LFLP	Annecy ==> Annecy
LFLU	Valence Chabeuil ==> Valence Chabeuil
LFLW	Aurillac ==> Aurillac
LFLX	Chateauroux ==> Chateauroux
LFMH	Saint Etienne ==> Saint Etienne
LFMK	Carcassonne ==> Carcassonne
LFML	Marseille ==> Marseille
LFMN	Nice ==> Nice
LFMP	Perpignan ==> Perpignan
LFMT	Montpellier ==> Montpellier
LFMU	Béziers ==> Beziers
LFOH	Le Havre ==> Le Havre
LFOP	Rouen ==> Rouen
LFOT	Tours ==> Tours
LFPG	Paris Charles De Gaulle ==> Paris Charles De Gaulle
LFPO	Paris Orly ==> Paris Orly
LFPV	Villacoublay ==> Villacoublay
LFQQ	Lille Lesquin ==> Lille Lesquin
LFRB	Brest ==> Brest
LFRC	Cherbourg ==> Cherbourg
LFRD	Dinard ==> Dinard
LFRG	Deauville ==> Deauville
LFRH	Lorient ==> Lorient
LFRK	Caen ==> Caen
LFRN	Rennes ==> Rennes

LFRO	Lannion ==> Lannion
LFRQ	Quimper ==> Quimper
LFRS	Nantes ==> Nantes
LFRT	Saint Brieux ==> Saint Brieux
LFRU	Morlaix ==> Morlaix
LFSB	Bâle Mulhouse ==> Basel
LFSD	Dijon ==> Dijon
LFSG	Epinal ==> Epinal
LFSR	Reims Champagne ==> Reims Champagne
LFST	Strasbourg ==> Strasbourg
LFTH	Toulon Hyéres ==> Toulon Hyeres
LFTW	Nîmes Garons ==> Nîmes Garons
LFW	Lomé ==> Lome
LG	Luxair
LGA	New york La Guardia ==> New York La Guardia
LGAT	Athinai ==> Athenes
LGG	Liége ==> Liége
LGL	Luxair
LGT,Lgt	light,lighting ==> feu,balisage lumineux,éclairage
LGTD,Lgtd	lighted ==> avec balisage lumineux,éclairé
LGW	London Gatwick ==> Londres Gatwick
LGZZ	Greece ==> Grèce
LH	Lufthansa
LHBP	Hongaria ==> Hongrie
LHR	London Heathrow ==> Londres Heathrow
LHTEC	Light helicopter turbine engine co.
LIB	Air Liberté
LIDAR	laser infrared radar
LIG	Limoges ==> Limoges
LIH ==> HI	light intensity high ==> haute intensité lumineuse
LIL	Lille ==> Lille
LIL ==> BI	light intensity low ==> basse intensité lumineuse
LIM	light intensity medium ==> intensité lumineuse moyenne
LIM	Lima ==> Lima
LIMA	Langkawi international maritime and aerospace exhibition(Malaisie)
LIMC	Milano Malpensa ==> Milan Malpensa
LIME	Bergame ==> Bergame
LIMF	Torino ==> Turin
LIML	Milano Linate ==> Milan Linate
LIMP	Parma ==> Parma
LIMSI	Laboratoire d'informatique pour la mécanique et les sciences de l'ingénieur(F)
LIRF	Roma ==> Rome

LIS	Lisboa ==> Lisbonne
LIT	Air Littoral
LITVC	liquid-injection thrust vector control
LIVE	locating and identifying equipment
LIZZ	Italia ==> Italie
LJ	Sierra National Airlines
LJU	Ljubljana ==> Loubliana
LJZZ	Slovenia ==> Slovénie
LKHD	Lockheed
LKZZ	Czeck republic ==> République tchèque
LLL	low light level ==> basse intensité lumineuse
LLNL	Lawrence Livermore national laboratory(US)
LLTV	low-light TV ==> TV à faible luminosité
LLW	Lilongwe ==> Lilongwe
LLWAS	low level wind shear alert system ==> système d'avertissement de cisaillement du vent dans les basses couches
LLZ,Llz	localizer ==> radiophare d'alignement de piste de l'ILS
LLZZ	Israel ==> Israël
lm	lumen ==> lumen
LM	locator middle ==> radiobalise intermédiaire
LME	cf.MEL
LMER	cf.MMEL
LMML	Malta ==> Malte
LMSC	Lockheed missiles and space company
LMT	local mean time ==> temps moyen local
LMV	Lyon Mont Verdun
LMZZ	Malta ==> Malte
LN	cf.LAA
LN-	Norway ==> Norvège
LNA	low noise amplifier ==> amplificateur à faible bruit
LNG,Lng	long
LO	cf.LOT
LO	locator outer ==> radiobalise extérieure
LOC,Loc	local,locally,location,located ==> local,localement,emplacement,situé à...
LOC,Loc	localiser
LOFT	line oriented flight training
LON	London ==> Londres
LONG,Long	longitude ==> longitude
LORADS	long range radar and display system
LORAN	long range air navigation system ==> système de navigation à longue distance
LOROP	long-range oblique-photography
LOS	Lagos ==> Lagos

LOS	line oriented simulation
LOT	Polish airlines
LOWW	Wien ==> Vienne
lox	liquid oxygen ==> oxygène liquide
LOZZ	Austria ==> Autriche
LP	low pressure ==> basse pression
LPC	low pressure compressor ==> compresseur basse pression
LPPR	Porto ==> Porto
LPPT	Lisboa ==> Lisbonne
LPT	lateral passing on the same track
LPY	Le Puy ==> Le Puy
LPZZ	Portugal ==> Portugal
LQ-,LV-	Argentina ==> Argentine
LRG	long range ==> grand rayon d'action
LRH	La Rochelle ==> La Rochelle
LRR	long range radar ==> radar à longue portée
LRT	Lorient ==> Lorient
LRU	line replaceable unit
LRZZ	Romania ==> Roumanie
LSC	Launch service corporation(US)
LSGG	Geneva ==> Genéve
LSQ	line squall ==> ligne de grains
LSR	Alsair
LSZH	Zurich ==> Zurich
LSZZ	Switzerland ==> Suisse
LTA	light transport aircraft ==> avion de transport léger
LTBA	Istanbul ==> Istamboul
LTD,Ltd	limited ==> limité
LTN	London Luton ==> Londres Luton
LTO	landing,take off,taxiing ==> atterrissage,décollage,roulage
LTT	landline teleprinter ==> téléimprimeur par fil
LTT	téléimprimeur par fil
LTZZ	Turkie ==> Turquie
LUG	Lugano ==> Lugano
LUN	Lusaka ==> Lusaka
LUN,Lun	cf.MON
LUT	réseau de stations au sol locales
LUX	Luxembourg ==> Luxembourg
LV	light and variable(wind) ==> léger et variable (vent)
LVB	Luchtverkeersbeveiliging ==> Sécurité du contrôle aérien(Pays Bas)
LVE,Lve	leave,leaving ==> quittez,je quitte
LVL,Lvl	level ==> niveau
LVPI	Light valve products inc.(US)

LVV	Lockheed launch vehicle
LWIR	long wavelenght infrared camera
LWYP	living with your plane(US)
lx	lux ==> lux
LX	Crossair
LX-	Luxembourg ==> Luxembourg
LXR	Luxor ==> Louxor
LY	El Al
LYR,Lyr	layer,layered ==> couche,en couches
LYS	Lyon ==> Lyon
LYZZ	Yugoslavia ==> Yougoslavie
LZ	Balkan Bulgarian Airlines
LZ-	Bulgaria ==> Bulgarie
M	Mach number ==> nombre de Mach
M air	masse moléculaire de l'air
M CO	masse moléculaire de l'oxyde de carbone
M CxHy	masse moléculaire d'hydrocarbures
m,M	mètre ==> metre
m/s	mètres par seconde ==> metres per second
MA	Malev
MA	methode d'application
MAA	Madras ==> Madras
MAA	maximum authorized altitude ==> altitude maximale autorisée
MAATS	military automated air traffic system(Canada)
MAC	military airlift command(US)
MAC	Munich airport center
MAD	Madrid ==> Madrid
MAD	magnetic anomaly detector
Madar	maintenance analysis detection and recording
Madge	microwave aircraft digital guidance equipment
MADL	Maryland advanced development laboratory(US)
MAE	Musée de l'air et de l'espace(F)
MAESTRO	moyen d'aide à l'écoulement séquencé du trafic avec recherche d'optimisation
MAF	Mission aviation fellowship
MAG,Mag	magnetic ==> magnétique
MAIA	maquette d'interface active ==> active interface mockup
MAINT,Maint	maintenance ==> entretien,maintenance
MAK	Interstate aviation committee(Russie)
MAN	Manchester ==> Manchester
MANTECH	US army manufacturing technology
MAO	maintenance assistée par ordinateur
MAP	aeronautical maps and charts ==> cartes aéronautiques

MAPO	Ministry of aircraft production's(Russie)
MAPt,MAPT	missing approach point ==> point d'approche interrompue
MAR	at sea ==> en mer
MAR	minimally attended radar
MAR,Mar	cf.TUE
MAR,Mar	march ==> mars
MARC	multi access remote control system
MAS	Malaysia airlines
MAS	manual all simplex ==> simplex manuel A1
MAS	Ministry for aerospace industry(Chine)
MASCOTTE	montage autonome simplifié pour la combustion cryotechnique dans l'oxygène et toute technique expérimentale
MASPS	normes de performances minimales de système avion
MASS	multi A/C simplified simulator ==> simulation de trafic
MAST	mobile aircrew-sustainment trainer
MAST	multi airborne surveillance technologie
MATES	multiband antiship tactical electronic warfare system
MATS	multi aircraft training system
MATSE	Ministerial air traffic control system in Europe
MAW	missile approach warner
MAWS	missile approach warning system
max,MAX	maximum ==> maximum,maximal
MAY,May	may ==> mai
MAYDAY	venez m'aider
mb	millibar ==> millibar
MBA	marge brute d'autofinancement
MBA	Mombasa ==> Monbasa
MBA	Morten Beyer and associates
MBB	Messerschmitt-Bölkov-Blohm GmbH(Allemagne)
MBO	mission briefing officer
MBR	marker beacon receiver
MC	master change ==> spécification de changement notifié
MCA	minimum crossing altitude ==> altitude minimale de franchissement
McAIR	Mac Donnell aircraft
MCC	maintenance control center
MCDU	multifonction control and display unit
MCF	management,communication et formation ==> management,communication and training
MCF	Metroplex control facilities
MCI	mode C intruder
MCM	mine countermeasures
MCM	multi-chip module
MCO	miscellaneous charges order ==> bons pour services divers

MCO	Orlando ==> Orlando
MCS	monitoring-control center
MCT	Muscat ==> Muscat
MCU	Montluçon ==> Montluçon
MCW	modulated continuous wave ==> onde entretenue modulée
MD	Air Madagascar
MD8	Douglas MD 8
MDA	Mac Donnell aerospace
MDA	minimum descent altitude ==> altitude minimale de descente
MDA/H	minimum descent altitude,height ==> altitude,hauteur minimale de descente
MDAU	modular data analysis unit
MDC	Mac Donnell Douglas
MDD	meteorological data distribution ==> distribution de données météorologiques
MDE	major defense equipment
MDESC	Mac Donnell Douglas electronic system co.
MDF	medium frequency direction-finding station ==> station radiogoniomètrique moyenne fréquence
MDH	minimum descent height ==> hauteur minimale de descente
MDHS	Mac Donnell Douglas helicopter systems
MDM	Mont de Marsan
MDT	maintenance data terminal
MDU	multifunction display unit
ME	cf.MEA
MEA	Middle East Airlines
MEA	minimum en-route altitude ==> altitude minimale de croisière
MECS	mechanical elevator control system
MECU	million d'ECU
MED	aviation medicine ==> médecine aéronautique
MED	manual entry device
MEDOC	mesure par doppler de la cinématique terrestre
MEDOR	météorologie et divers Orly
MEDS	multifunction electronic display subsystem
MEHT	minimum eye height over threshold ==> hauteur minimale de l'oeil du pilote au-dessus du seuil
MEL	minimum equipment list ==> liste minimale d'équipements
MELCO	Mitsubishi electric co(Japon)
MEO	medium-altitude orbiter
MEP	mission-equipment package
MEPU	monofuel emergency power unit
MER,Mer	cf.WED
MERC	Mercure
Meris	medium resolution imaging spectrometer

MES	Medan ==> Medan
MESAR	multi function electronically scanned adaptive radar
Mesur	Mars experimental survey
MET,Met	meteorology,meteorological services ==> météorologie
METAG	MET advisory group ==> Groupe consultatif MET
METAR	aviation routine weather report ==> message d'observation météorologique régulière pour l'aviation
METSIGAC	Groupe de travail sur l'assistance météorologique à l'aviation générale internationale
METT	Ministère de l'équipement des transports et du tourisme
MEX	Mexico ==> Mexico
MF	medium frequency ==> moyenne fréquence
MFD	multi function display
MFLOPS	million FLOPS ==> million de FLOPS
MFO	cf.MOC
mg	milligramme ==> milligram
MGM	monopulse ground mapping
MGTOW	maximum gross take-off weight ==> masse maximale au décollage
MH	Malaysia Airlines
MHDF	medium and high frequency direction-finding stations ==> stations radiogoniomètriques moyennes et hautes fréquences
MHI	Mitsubishi heavy industries
MHT	multi hypothesis technic
MHVDF	medium,high and very high frequency direction-finding stations ==> stations radiogoniomètriques moyennes hautes et trés hautes fréquences
MHz,MHZ	megahertz ==> mégahertz
MIA	cf.PAM
MIA	manuel d'information aéronautique
MIA	Miami ==> Miami
MIAT	Mongolian international air transport
MIC	cf.PCM
MID	cf.PDM
MID	mid-point ==> point médian
MID	middle east region ==> région moyen orient
MIDANPIRG	Groupe régional de planification et de mise en oeuvre de la navigation aérienne au Moyen-Orient
MIDS	multifunction information distribution system
MIFG	shallow fog ==> mince couche de brouillard
MIGITS	miniature integrated GPS inertial-navigation tactical system
MIL	cf.PWM
MIL	Milano ==> Milan
MIL,Mil	militaire ==> military
MILAX	microwave-lifted aeroplane experiment

MILES	multiple integrated laser engagement system
MIMD	multi-instructions multiple-data processor
MIN,Min	minute ==> minute
MIP	cf.PPM
Mipas	Michelson interferometer for passive atmospheric sounding
MIPS	millions of instructions per second ==> millions d'instructions à la seconde
MIR	Monastir ==> Monastir
MIRSIP	Mirage system improvement program
MIST	Maintenance international standardisation team
MIST	terminal d'analyse de la situation météorologique
MIT	Massassuchets institute of technology
MITI	Ministère japonais de l'industrie et du commerce
MK	Air Mauritius
MKR,Mkr	marker radio beacon ==> radioborne
MLA	Malta ==> Malte
MLC	manoeuver load control ==> répartition des charges (aérodynamiques) en manoeuvre
MLH	Mulhouse Bale ==> Basel
MLR	medium-lift replacement
MLS	microwave landing system ==> système d'atterrissage hyperfréquence
MLU	mid-life update
MLV	medium launch vehicle
MLW	maximum landing weight ==> masse maximale à l'atterrissage
mm	millimètre ==> millimetre
MM	middle marker ==> radioborne intermédiaire
MMA	Metro Manila airways(Philippines)
MMAN	nitrate de monoéthylamine
MMC	Mergers and monopolies commission(UK)
MMC	modular mission computer
MMEL ==> LMER	master minimum equipment list ==> liste minimale d'équipements de référence
MMH	maintenance man-hour
MMH	monomethyl hydrazine
MMIC	monolithic microwave integrated circuit ==> circuit monolithique intégré hyperfréquence
MMMC	modified modular mission computer
MMO	maximum permitted operating Mach number ==> vitesse normale autorisée exprimée en Mach
MMS	maintenance management system ==> systéme de gestion de la maintenance
MMS	Matra Marconi space
MMS	multi-mode seeker
MMSA	masse maximale structurale à l'atterrissage

MMSC	masse maximale structurale sans carburant
MMSD	masse maximale structurale au décollage
MMSR	masse maximale structurale au roulage
MMU	manned maneuvering unit
MMW	millimeter wave ==> onde millimètrique
MNL	Manila ==> Manille
MNL	Metz Nancy Lorraine ==> Metz Nancy Lorraine
mnm,MNM	minimum ==> minimum,minimal
MNPS	minimum navigation performance specifications ==> spécifications de performances minimales de navigation
MNT	mononitrotoluéne
MNT,Mnt	monitor,monitoring,monitored ==> dispositif de contrôle,contrôle,contrôlé
MNTN,Mntn	maintain ==> maintenir,maintenez
MO	méga-octet
MOC ==> MFO	minimum obstacle clearance ==> marge minimale de franchissement d'obstacle
MoD	Ministry of defence(UK)
MOD,Mod	moderate ==> modéré
MOHL	Machines-outils Henri Liné(Canada)
mol	mole ==> mole
MON	above mountains ==> au-dessus de montagnes
MON,Mon ==> LUN	monday ==> lundi
MOR	mandatory occurence reporting scheme
MOS	marine observation satellite ==> satellite d'observation maritime
MOTIS	message-oriented text interchange systems
MOTNE	meteorological operational telecommunication network Europe ==> réseau de telecommunications météorologiques d'exploitation en Europe
MOTNEG	Meteorological operational telecommunication network european group ==> Groupe européen de planification MOTNE
MoU	memorandum of understanding
MOV,Mov	move,moving,movement ==> se déplace,déplaçant,mouvement
MOW	Moskva ==> Moscou
MOZAIC	measurement of ozone on Airbus in-service aircraft
MPA	man-powered aircraft ==> aéronef à propulsion humaine
MPBA	minimums opérationnels les plus bas admissibles ==> lowest permissible operational minima
MPDS	maintenance planning data support
mph,MPH	miles per hour,statute miles per hour ==> milles anglais par heure
MPI	Max Planck institute
MPL	Montpellier ==> Montpellier
MPLC	most probable life-cycle cost

MPM	Maputo ==> Maputo
MPN	malette pédagogique normalisée (OACI)
MPS	maintenance processor subsystem
MPS	minimum performance system
mps,MPS	metres per second ==> mètres par seconde
MPSR	missile à propulsion par statoréacteur ==> rocket ramjet
MPX	exploitation multiplex
MR	maritime reconnaissance ==> reconnaissance maritime
MRA	minimum reception altitude ==> altitude minimale de réception
MRG	medium range ==> moyen rayon d'action
MRI ==> IRM	magnetic resonance imaging ==> image à résonnance magnétique
MRP	ATS-MET reporting point ==> point de compte rendu ATS-MET
MRS	Marseille ==> Marseille
MRTT	Multi role tanker,tanker transport ==> transport banalisé
MRU	Mauritius ==> Maurice
MRW	maximum ramp weight ==> masse maximale au roulage
MS	Egyptair
MS,Ms	minus ==> moins
MSA	Maritime safety agency(Japon)
MSA	minimum safe altitude ==> altitude minimale de sécurité
MSA	minimum sector altitude ==> altitude minimale de secteur
MSAW	minimum safe altitude warning
MSC	mobile servicing center
MSG	météosat seconde génération
MSG,Msg	message ==> message
MSI	multi-source integration
MSL	mean sea level ==> niveau moyen de la mer
MSP	Minneapolis ==> Minneapolis
MSSA	multi-sensor surveillance aircraft
MSSR	monopulse secondary surveillance radar ==> radar secondaire monoimpulsion de surveillance
MST	Maastricht ==> Maastricht
MST	macro-système technique
MSTI	miniature seeker technology integration
MSY	New Orleans ==> Nouvelle Orléans
MT,Mt	montagne ==> mountain
MTBF	mean time between failures ==> moyenne des temps de bon fonctionnement
MTBR	mean time between removals
MTCR	missile technology control regime limitations
MTD	moving target detection ==> détéction des cibles mobiles
MTF	mid-tandem fan
MTFF	man-tended free-flier

MTI	moving target indicator ==> indicateur de cible mobile
MTOGW	maximum take-off gross weight
MTOW	maximum take-off weight ==> masse maximale au décollage
MTPE	mission to planet earth
MTQ	CAAA Air Martinique
MTSAT	satellite multifonctionnel des transports
MTU	metric units ==> unités du système mètrique
MTU	Motoren und turbinen-union
MTW	mountain waves ==> ondes orographiques
MUC	Munchen ==> Munich
MUM	mumètre ==> mumetre
MURAT	munitions à risques atténués
MUST	moyen d'utilisation en séquence du trafic
MVDF	medium and very high frequency direction-finding stations ==> stations radiogoniomètriques moyennes et trés hautes fréquences
MVI	manoeuvre à vue imposée ==> visual manoeuvring with prescribed track
MVL	manoeuvre à vue libre ==> visual manoeuvring without prescribed track
MWO	meteorological watch office ==> centre de veille météorologique
MX	mixed type of ice formation ==> formation de glace mèlées
MXR	Merix Air Ltd
MZFW	maximum zero-fuel weight ==> masse maximale sans carburant
N	indice isopsophique
N	newton ==> newton
N	nombre d'Avogadro
N	north,northern latitude ==> nord,latitude nord
N-	United states of America ==> Etats unis d'Amérique
N-SIS	systéme d'information Shengen national
N1	high pressure turbine speed ==> régime de la turbine haute pression
NAC	North american corporation
NACA	National advisory committee for aeronautics(US)
NACES	navy aircrew common ejection seat(US)
NACS	système de contrôle de l'espace aérien(Canada)
NADCAP	national aerospace and defense contractors accreditation programme(US)
Nadge	NATO air defence ground environment
NADIN	north american data interchange network ==> réseau nord américain d'échange de données
NAFTA	north american free trade agreement ==> accord nord américain de libre échange
NAHEMA	NATO helicopter management agency
NAI	non-proliferation arms control,international security
NAIA	Ninoy Aquino international airport

NAILS	national airspace integrated logistics support (US)
NAL	Laboratoire national de recherche aéronautique(Japon)
NAL	National aerospace laboratory(Inde)
NAM	north american region ==> région Amérique du nord
NANCO	National association of noise control officials (US)
NAOS	new air traffic management open system
NAP	Napoli ==> Naples
NAPA	Novosibirsk aircraft production association
NAR	National airspace review (US)
NARACS	national radio communications system (US)
NAS	national airspace system (US)
NASA	National aeronautics and space administration(US)
NASA	National airspace agency ==> agence spatiale américaine
NASAMS	Norwegian advanced surface-to-air missile system
NASAO	National association of state aviation officials
NASC	national AIS system center ==> centre national du système intégré de l'information aéronautique
NASDA	National space development agency(Japon) ==> Agence spatiale japonaise
NASIP	national aviation safety inspection program (US)
NASNET	NAS network
NASP	NAS plan
NASP	National aerospace plane(US)
NAT	north Atlantic region ==> région Atlantique nord
NATC	naval air training command,naval air test center(US)
NATCA	National air traffic controllers association(US)
NATCO	Northwest aerospace training company
NATCOM	national communications center (US)
NATDC	Northrop advanced technology and design center(US)
NATO ==> OTAN	North Atlantic treaty organization ==> Organisation du traité de l'Atlantique nord
NATS	National air traffic services (UK)
NATS	north american telephone system
NATS	north american terrestrial system
NATSPG	NAT system planning group(OACI) ==> Groupe de planification NAT
NATSPG	north atlantic system planing group
NAV SEP	Groupe d'experts navigation et espacements
NAV,Nav	navigation ==> navigation
NAVAID	navigation aid ==> aide à la navigation
NAVSAT	navigation satellite system ==> système de navigation par satellite
NAVSTAR	navigation satellite timing and ranging system
NAWC	naval air warfare center(US)
NAWP	national aviation weather processor (US)

NAYSA	Navegacion y servicios aereos(Espagne)
NB,Nb	northbound ==> en direction du nord
NBA	National business association inc.
NBAA	National business aircraft association(US)
NBFR	not before ==> pas avant
NBI	nouvelle bonification indiciaire(F)
NBO	Nairobi ==> Nairobi
NC	no change ==> sans changement
NCAR	National center for atmospheric research(US)
NCC	network control center
NCE	Nice ==> Nice
NCIU	NEXRAD communications interface unit
NCL	Newcastle ==> Newcastle
NCT	Noise cancellation technologies(US)
NCY	Annecy ==> Annecy
ND	navigation display
ND2	Nord 262
NDB	non-directional radio beacon ==> radiophare non directionnel
NDI	non developmental item
NDJ	Ndjamena ==> Ndjamena
NDU	National defense university(US)
NE	north-east ==> nord est
NEB	north-eastbound ==> en direction du nord est
NEC	Nissan engines corp
NEDO	New energy and industrial technology development organization(Japon)
NEF	noise exposition forecast ==> prévision d'exposition au bruit
NEFA	new european fighter aircraft
NEFJ	new european fighter jet
NEFMA	NATO european fighter management agency
NEG,Neg	no,negative,permission non granted,that is not correct ==> non,négatif,permission refusée,cela n'est pas correct
NEOF	national emergency operations facilities (US)
NEPONA	nitrogene-oxide emissions and photochemistry over the North-Atlantic
NERC	new en-route center(UK) ==> nouveau centre de contrôle en route
NETMAN	network management
NEXRAD	next generation weather radar ==> radar météo de la prochaine génération
NFD	navigation flight display
NFT	Norske forsvarsteknologi(Norvège)
NG	nouvelle génération
NGO	Nagoya ==> Nagoya
NGT,Ngt	night ==> nuit

NH	cf.ANA
NH.CIO	ammonium perchlorate
NHT	new helicopter training
NICS	NAS interfacility communications system
NIL	none,I have nothing to send to you ==> néant,je n'ai rien à vous transmettre
NIM	Niamey ==> Niamey
NIS	NATO identification system ==> système d'identification de l'OTAN
NIZ	Nice Mont Agel
NKC	Nouakchott ==> Nouakchott
NL	aérodrome agréé aux vols en régime VFR de nuit avec limitations ==> aerodrome agreed for night VFR with restrictions
NL	noise level ==> niveau de bruit
NL-	Republic of Korea ==> République de Corée
NLA	new large aircraft,new largeairplane ==> nouvel avion gros porteur
NLAAD	new large aircraft and derivatives
NLOS	non line of sight
NLS	national launch systems(US)
NLS	natural level of safety
NM	nautical mile ==> mille marin
NMC	national meteorological center (US)
NMCE	network monitoring and control equipment
NML,Nml	normal ==> normal
NMS	noise monitoring system ==> système de surveillance du bruit
NN	Air Martinique
NNE	north-north-east ==> nord nord est
NNI	indice bruit et nombre de passages (UK)
NNW	north-north-west ==> nord nord ouest
NOAA	National oceanic and atmospheric administration(US)
NOAH	norwegian-adapted Hawk
NODE	national ATS operational display (UK)
NOE	nap-of-the-earth ==> rase-mottes
NOF ==> BNI	international NOTAM office ==> bureau NOTAM international
NON	onde entretenue ==> continuous wave
NOS	night observation surveillance
NOSIG	no significant change ==> sans changement significatif
NOTAM	notice to airmen ==> avis aux navigateurs aériens
NOTAR	no tail rotor ==> sans rotor de queue
NOU	Noumea ==> Nouméa
NOV,Nov	november ==> novembre
NOx	oxydes d'azote ==> nitrous oxydes
NOZ	zone d'évolution normale
NPIAS	national plan of integrated airports system (US)

NPRM	notice of proposed rule making(FAA)
NR,Nr	number ==> numéro,nombre
NRE	noise reduction engineering
NRH	no reply heard ==> aucune réponse n'a été reçue
NRSC	national remote sensing centre(UK)
Ns	newton-second ==> newton seconde
NS	Eurowings
Ns,NS	nimbostratus ==> nimbostratus
NSC	national simulation capability(US)
NSC	nil significant cloud ==> aucun nuage significatif
NSMA	New Seoul metropolitan airport
NSPO	National space program office(Taiwan)
NSPO	National space program office(US)
NSSF	NAS simulation support facility
NSTAP	national strategic technology acquisition plan(UK)
NTA	National transport agency(Canada)
NTAA	Papeete ==> Papeete
NTE	Nantes ==> Nantes
NTF	national test facility(US)
NTH	new training helicopter
NTI	noeud de télécommunication international,centre international de commutation par paquets ==> international packet switching centre
NTIA	national telecommunications information agency (US)
NTIAA	Autorité aéroportuaire de Narita(Japon)
NTS	negative torque system
NTSB	National transportation safety board(US) ==> Organisme national chargé de la sécurité des transports
NTZ	zone de non transgression ==> non transgressive zone
NU	non utilisable ==> non usable
NUE	Nurnberg ==> Nuremberg
NUT	NAT unified trials
NVQs	national vocational qualifications(US)
NW	North west airlines (US)
NW	north-west ==> nord ouest
NWA	North west airlines(US)
NWB	north-westbound ==> en direction du nord ouest
NWS	National weather service (US)
NXT,Nxt	next ==> suivant,prochain
NYC	New York ==> New York
NZAC	New Zealand airways corporation
O-MNT	ortho mononitrotoluéne
O/R	on request ==> sur demande
OA	Olympic Airways (Grèce)

OAA	Orient airlines association
OAC	oceanic area control centre ==> centre de contrôle régional océanique
OACI	cf.ICAO
OARB	Orient airlines research bureau
OAS	obstacle assessment surface ==> surface d'évaluation d'obstacles
OAS	Oman aviation services
OASIS	orthogon automated system for inbound sequencing
OASPL	over all sound pressure level
OAT	Orly air traiteur(F)
OAW	oblique all-wing
OB-	Lebanon ==> Liban
OB-	Peru ==> Pérou
OBEWS	on-board electronic warfare simulation
OBOG	on-board oxygen generator ==> générateur d'oxygène embarqué
OBS	omni-bearing selector
OBS,Obs	observe,observed,observation ==> observation,observer,observé
OBSC,Obsc	obscure,obscured,obscuring ==> obscur,obscurci
OBST,Obst	obstacle ==> obstacle
OBU	on board unit
OBZZ	Bahrain ==> Bahrain
OCA	obstacle clearance altitude ==> altitude de franchissement d'obstacle
OCA	oceanic control area ==> région de contrôle océanique
OCA/H	obstacle clearance altitude,height ==> altitude,hauteur de franchissement d'obstacle
OCAS	outil de conception assitée pour simulation
OCC,Occ	occulting light ==> feu à occultation
OCH	obstacle clearance height ==> hauteur de franchissement d'obstacle
OCL	obstacle clearance limit ==> limite de franchissement d'obstacle
OCNL,Ocnl	occasional,occasionally ==> occasionnel,occasionnellement
OCP	Obstacle clearance panel
OCR	optical code recognition,optical characters recognition
OCS	obstacle clearance surface ==> surface de franchissement d'obstacle
OCT,Oct	october ==> octobre
OCU	operational conversion unit
ODALS	omnidirectional approach lighting system
ODAPS	oceanic display and planning system
Oderacs	orbital debris calibration system(US)
ODF	oceanic development facility
ODID	operational display and input development
ODIN	operational data interface
ODM	operational development model
ODP	oceanic air traffic control data processing system
ODP	organisme des paramètres ==> parameters organism

ODS	operational display system
ODS	optronique pour la défense et le spatial
OE-	Austria ==> Autriche
OECF	Overseas economic cooperation fund(Japon)
OEM	original equipment manufacturer
OEST	Observatoire économique et statistique des transports(F)
OEZZ	Saoudia Arabia ==> Arabie saoudite
OFAC	Office fédéral de l'aviation civile(Suisse)
OFDPS	offshore flight data processing system
OFEMA	Office français d'exportation de matériel aéronautique
OFISP	operational flight information service panel ==> groupe d'experts sur le service d'information de vol pour l'exploitation
OFP	operational flight programme
OFT	operational flight trainer
OFZ	obstacle free zone ==> zone dégagée d'ostacles
OGA	Office général de l'air(F)
OGE	Ordre des géomètres experts (F)
OGE	out of ground effect
OGF	open GIS foundation
OH-	Finland ==> Finlande
OH ==> RG	overhaul ==> révision générale
OHD	overhead ==> à la verticale,à la verticale de...
OHI	Organisation hydrographique internationale
OIZZ	Iran ==> Iran
OJZZ	Jordan ==> Jordanie
OK	cf.CSA
OK-	Czeckoslovakia ==> Tchécoslovaquie
OKNO	Kuwait ==> Kowait
OLDI	on line data interchange
OLT	Ostfriesische lufttransport(Allemagne)
OLZZ	Lebanon ==> Liban
OM	outer marker ==> radioborne extérieure
OMI	omni-bearing magnetic indicator
OMM	cf.WMO
OMS	cf.WHO
OMS	on-board maintenance system
OMS	orbital maneuvering system
OMT	Organisation mondiale du tourisme
ONDA	Office national des aéroports (Maroc)
ONERA	Office national d'études et de recherches aérospatiales(F)
OO-	Belgium ==> Belgique
OOK	on-off keying
OPA	opaque white type of ice formation ==> formation de givre opaque

OPC	the control indicated is operational control ==> le contrôle indiqué est le contrôle d'exploitation
OPL	officier pilote de ligne
OPMET	operational meteorological information ==> renseignements météorologiques d'exploitation
OPN,Opn	open,opening,opened ==> ouvert,ouverture
OPO	Porto ==> Porto
OPR,Opr	operator,operate,operative,operating,operational ==> exploitant,exploiter,en exploitation,en fonctionnement,en vigueur
OPS	Operations group(OACI)
OPS,Ops	operations ==> exploitation,vols
OPS/AIR	operations,airworthiness ==> exploitation et navigabilité
OPUS	operation planning and utilization system
OPZZ	Pakistan ==> Pakistan
OR	besoins fondamentaux de l'exploitation
OR	on request ==> sur demande
OR,Or	orange ==> orange
ORAC	optical reference for azimuth correction ==> système de référence optique pour la correction en azimut
Orbcomm	Orbital communications corp.(US)
ORCAS	Institut roumain de recherches aéronautiques
ORD	Chicago O'Hare ==> Chicago O'Hare
ORD	indication of an order ==> indication d'un ordre
ORD	operational requirements document
OREX	orbital reentry equipment
ORK	Cork ==> Cork
ORL	Orlando ==> Orlando
ORN	Oran ==> Oran
ORSEC	organisation des secours
ORSR	oceanic route surveillance radar
ORY	Paris Orly ==> Paris Orly
ORZZ	Iraq ==> Iraq
OS	Austrian Airways
OSA	Osaka ==> Osaka
OSC	Orbital sciences corp.(US)
OSF	Open software foundation
OSF	optronique secteur frontal
OSIME	outil de simmulation multiéquipement
OSL	Oslo ==> Oslo
OSO	offensive systems officer
OSTIV	Organisation scientifique et technique internationale de vol à voile
OSV	ocean station vessel ==> navire station océanique
OSZZ	Syria ==> Syrie
OT&E	operational test and evaluation

OTAN	cf.NATO ==> OTAN
OTH	over-the-horizon ==> au delà de l'horizon
OTHT	over the horizon targeting
OTP	on top ==> au-dessus des nuages
OTS	organized track system ==> système de routes organisées
OU	Croatia Airlines
OUA	Ouagadougou ==> Ouagadougou
OUBD,Oubd	outbound ==> en éloignement,au départ
OUD	Oujda ==> Oujda
OVC,Ovc	overcast ==> couvert
OWE	operating weight empty
OY-	Denmark ==> Danemark
OYA	Oya hélicoptères
OZZ	Ouarzazate ==> Ouarzazate
P&W	Pratt et Withney
P&WC	Pratt et Whitney Canada
P-	Democratic people's republic of Korea ==> République populaire démocratique de Corée
P-MNT	para mononitrotoluéne
P...	prohibited area ... ==> zone interdite ...
P/B	push-button
P0N	modulation par impulsion(radar)
P2-	Papua New Guinea ==> Papouasie Nouvelle Guinée
P4-	Aruba ==> Aruba
P68B	Partenavia
Pa	pascal ==> pascal
PA	cf. FCU
PA	cf.SWY
PA	public-address
PA31	Piper Navajo
PAC	Pacific region ==> région Pacifique
PAC	Pakistan aeronautical complex
PACAF	Pacific US air force
PACE	plasma assisted chemical etching
PADC	Philipine aerospace development corporation
PADILOS	planing and dispatch for loading system
PADS	precision aerial delivery system
PADS	pseudo ADS(message) ==> (message) pseudo ADS
PAF	Police de l'air et aux frontières(F)
PAF	processing archiving facilities
PAGE	sous-système BDA de production de pages d'AIP (F)
PAI	Pacific aeronautics inc.
PAL	Philipines airlines

PALS	precision approach lighting system ==> dispositif lumineux d'approche de précision
PAM ==> MIA	pulse amplitude modulation ==> modulation d'impulsion en amplitude
PAMRI	peripheral adapter module replacement item
PAN	panne(F) ==> call(UK)
PAN	Piper Navajo
PAN M	panne moteur,MAYDAY
PAN R	panne radio
PANS	procedures for air navigation services ==> procédures pour les services de navigation aérienne
PAPI	precision approach path indicator ==> indicateur de trajectoire d'approche de précision
PAR	precision approach radar ==> radar d'approche de précision
PARL,Parl	parallel ==> parallèle
Parole	pilotage automatique par reconnaissance des ordres des contrôleurs à l'entrainement
PASE	Piper Seneca
PAT	PHARE advanced tools
PATA	Pacific Asia travel association
PATC	precision approach terrain chart ==> carte de terrain pour approche de précision
PATCO	Professionnal air traffic controllers organisation(US)
PATMAR	aviation des patrouilles maritimes(F)
PATN	PHARE aeronautical telecommunications network
PATNAS	pilots automatic telephon weather answering service
PAX	passengers ==> passagers
PAYE	Piper Cheyenne
PAZT	Piper Aztec
PB	phares et balises ==> lighthouses and beacons
PC	personnal computer ==> calculateur domestique
PC	planification criteria ==> critères de planification
PC	post combustion ==> after burning
PC	poste de coordination ==> coordination post
PC SAR	poste de coordination SAR
PCA SAR	poste de coordination avancée SAR
PCB	printed circuit board
PCC	protective cargo container
PCD,Pcd	proceed,proceeding ==> allez-y,continuez,je continue
PCF	point de contrôle final
PCG	plan de composition générale
PCM ==> MIC	pulse coded modulation ==> modulation par impulsion et codage
PCN	pavement classification number ==> numéro de classification de chaussée

PCP	poste central de protection(F)
PCRD	programme cadre de recherche et de développement technologique(CE)
PCS	power conditionning system
PCU	power control unit
PD	cf.CWY
PD	pulse Doppler ==> impulsion Doppler
PDA	point de décision à l'atterrissage
PDC	aircraft parking and docking chart ==> carte de stationnement et d'accostage d'aéronef
PDC	pre-departure clearance
PDD	cf.POD
PDD	point de décision de décollage
PDD	portable delivery device
PDF	Ligogaes Aereas Regionais
PDL CT	pod de désignation laser à caméra infrarouge thermique
PDM	product data management
PDM ==> MID	pulse duration modulation ==> modulation d'impulsion en durée
PDN	public data network
PDOP	position dilution of precision(GPS)
PDOT	plan de défense opérationnelle du territoire (F)
PDP	plasma display panel ==> écran de visualisation à plasma
PDR	predetermined route ==> itinéraire prédeterminé
PE	ice pellets ==> granules de glace
PECO	pays d'Europe centrale et orientale
PECS	powered elevator control system
PEEK	poly ether ether ketone
PEI	poly ether imide
PEL/TRG	personnel licensing and training ==> licences et formation du personnel
PEO	plan d'éxecution des ouvrages
PER,Per	performance ==> performance
PERM,Perm	permanent ==> permanent
PERS	programme européen de recherche supersonique
PET	programme d'essais techniques dans le Pacifique
PETG	pacific engineering trials group
PETN	tétranitropentaérythrite
PFA	Popular flying association(UK)
PFA	probabilité de fausse alarme
PFC	passenger facility charge
PFCC	primary flight control computer
PFD	primary flight display
PFE	erreur de suivi
PFN	bruit de suivi

PGA Portugal ==> Portugal
PGF Perpignan ==> Perpignan
PGP plan général de protection (F)
PGP processeur gérant un périphérique
PGX Périgueux ==> Périgueux
Ph phare marin ==> sea beacon
PH- Kingdom of the Netherlands ==> Royaume des Pays Bas
PHARE programme for harmonization of air traffic management research in Europe
PHC probes heater controller
PHI Petroleum helicopter inc.
PHI position and heading indicator,position and homing indicator
PHIDIAS,Phidias position harmonisant et intégrant les dialogues interactifs,l'assistance et les secours
PHL Philadelphia ==> Philadelphie
PHR plan horizontal règlable
PHX Phoenix ==> Phoenix
PIA Pakistan International Airways
PIANO project interactive analysis and numerical optimisation
PIB pre-flight information bulletin ==> bulletin d'information pré-vol
PICS photogrametric integrated control system(Chine)
PID passive identification device
PID telegraphy by the on-off keying ==> manipulation télégraphique par tout ou rien
PIF poste d'inspection frontalière
PIO pilot-induced oscillations
PIP performance improvement package
PIREP pilot report
PIT Pittsburgh ==> Pittsburgh
PJ Air Saint Pierre
PJ Antilles néerlandaises ==> Netherlands Antilles
PJE parachute jumping exercise,sector ==> exercice,secteur de saut en parachute
PK cf.PIA
PK West Irian ==> Irian occidental
PK- Indonesia ==> Indonésie
PL pilote de ligne
PLA Peoples liberation army(Chine)
PLA practice low approach ==> approche d'entrainement à faible altitude
PLC public limited company
PLF projet de loi de finance(F)
PLGR portable low-cost GPS receiver ==> récepteur GPS portable économique
PLN cf.FPL

PLS	personal launch system
PLVL	present level ==> niveau actuel
PMA	parts manufacturer approval
PMA	parts manufacturing authority
PMA	precision missed approach ==> approche de précision manquée
PMAT	portable maintenance access terminal
PMC	indice moyen des prix à la consommation
PMC	permanently manned configuration
PMI	Palma de Mallorca ==> Palma de Majorque
PMO	Palermo ==> Palerme
PMS	performance management system
PMV	cf.VMS
PN	prior notice required ==> préavis exigé
PNC	personnel navigant commercial
PNdB	percieved noise unit ==> unité de bruit perçu
PNL	percieved noise level ==> niveau de bruit perçu
PNLT	niveau de bruit perçu corrigé pour les sons purs
PNLTM	PNLT maximal
PNR	point of no return ==> point de non retour
PNT	personnel navigant technique
PNUE	programme des nations unies pour l'environnement
po	masse spécifique au niveau de la mer de l'atmosphère type
Po	pression au niveau de la mer
PO	dust devils ==> tourbillon de poussière
POB	persons on board ==> nombre de personnes à bord
POC	proof of concept
POD ==> PDD	probability of detection ==> probabilité de détection
POM	program objective memorandum
PON	modulation d'impulsion type radar
PONC	ponctualité à 15 minutes(F)
POR	partie occasionnellement roulable,prolongement d'arrêt
POS	plan d'occupation des sols
POSIX	portable operating system interface for computer environment
PP	pilote professionnel
PP 1	pilote professionnel de première catégorie
PP IFR	pilote professionnel qualifié IFR
PP-,PT-	Brazil ==> Brésil
PPI	plan de protection intérieur
PPI	plan position indicator ==> indicateur panoramique
PPL	private pilote's licence ==> licence de pilote privé
ppm	parties par million ==> parts per million
PPM	cf.MIP
ppmC	parties de carbone par million

PPP	plan particulier de protection
PPR	prior permission required ==> autorisation préalable nécessaire
PPS	precision positioning system
PPSN	present position ==> position actuelle
ppt	parts per trillion ==> parties par trillion
PPT	Papeete ==> Papeete
PPV	préparation plan de vol
PR	Philippine Airlines
PRB	Proteus Air System
PRC	People's Republic of China ==> République populaire de Chine
PREPHA	programme de recherches et d'études pour la propulsion hypersonique avancée(F)
PRESILAS	observation et analyse de la composition chimique du sillage de Concorde
PREVI,Previ	prévisions de trafic (F)
PRF	pulse repetition frequency ==> fréquence de récurence
PRG	Praha ==> Prague
PRI	pulse repetition interval
PRI,Pri	primary ==> primaire,premier
PRKG,Prkg	parking,parking area ==> aire de stationnement,stationnement
PRO	pays à réglementation ordinaire(F)
PROB,Prob	probability ==> probabilité
PROC,Proc	procedure ==> procédure
PROFI	équipe de travail sur le financement des projets multinationaux de navigation aérienne
PROFS	programme for regional observing and forecasting services
PROV,Prov	provisional ==> provisoire,provisoirement
PRP	pulse repetition period ==> période de répétition des impulsions
PRS	procedural reasoning system
PS	Air Ukraine International
PS	point sensible(F)
PS,Ps	plus ==> plus
PSA	passengers sales agent
PSA	Pise ==> Pise
PSAW	Prevention of substance abuse in the workplace goup(OACI)
PSC	polar stratospheric cloud
PSDC	Penza simulation design(Russie)
PSG,Psg	passing ==> passage,dépassement
PSGR,Psgr	passager ==> passenger
PSN,Psn	position ==> position
PSP	pierced steel plank ==> plaque d'envol,plaque d'acier perforé
PSR	primary surveillance radar ==> radar primaire de surveillance
PSU	passenger services unit
Psyops	psychological operations

PT	prototype ==> prototype
PTN	procedure turn ==> virage conventionnel
PTP	Pointe à Pitre ==> Pointe à Pitre
PTS	polar track structure ==> structure de routes polaires
PTS	prise de terrain en S
PTT	part-task trainer
PTU	probe/transducer unit
PUF	Pau ==> Pau
PUL	planeur ultra léger ==> ultra light glider
PUP	principal user processor
PV	point vulnérable
PVA	potée visuelle d'aérodrome
PVD	plan vew display
PVP	cf.RVR
PWM ==> MIL	pulse width modulation ==> modulation d'impulsion en largeur
PWR,Pwr	power ==> puissance
PX	prototype expérimental
PYRKAL	Hellenic powder and cartridge company
PZ-	Suriname ==> Suriname
PZL	Panstwowe Zaklady Lotnicze ==> state aviation works of Poland
Q	indice acoustique STORINDEX (Allemagne)
QAB	autorisé de vous rendre de ... à ... au niveau ... ==> you are cleared from...to...at flight level...
QAF	au dessus de ...au niveau ... ==> I am over...at flight level...
QAK	risque de collision ==> risk of collision
QAL	atterrissage à... ==> land at...
QAN	direction et vitesse du vent à... ==> surface wind direction and speed at...
QAR	quick access recorder ==> enregistreur de paramètres pour la maintenance
QAU	vidange du carburant ==> jettison fuel
QAW	procédure d'atterrissage manquée ==> about to carry out overshoot procedure
QAZ	difficultés de communication dues au vol dans une tempête ==> communication difficulties through flying in a storm
QBA	visibilité horizontale à... ==> horizontal visibility at...
QBB	nébulosité ==> cloud amount
QBC	conditions météorologiques observées ==> meteorological conditions as observed at...
QBD	autonomie en carburant ==> fuel endurance
QBF	vol dans les nuages ==> flying in the clouds
QBG	vol au dessus des nuages ==> flying above clouds
QBH	vol au-dessous des nuages ==> flying below clouds
QBI	compulsory IFR flight ==> vol IFR obligatoire

QBK	vol sans nuages alentour ==> flying with no clouds in the vicinity
QBM	message transmis ==> message sent
QBN	vol entre deux couches de nuages ==> flying between two layers of clouds
QBO	règles de vol à vue autorisées ==> flying under VFR permissible
QBP	vol par intermittence dans les nuages ==> flying in and out of clouds
QBT	portée visuelle de piste ==> runway visual range
QC	Air Zaïre
QC	quick-change ==> transformation rapide
QDM	magnetic heading ==> cap magnétique
QDR	magnetic bearing ==> relèvement magnétique
QF	Qantas Airways
QFE	atmospheric pressure at aerodrome elevation ==> pression atmosphérique à l'altitude de l'aérodrome
QFI	qualified flying instructor
QFU	magnetic orientation of runway ==> direction magnétique de la piste
QHI	qualified helicopter instructor
QNC	quiet nacelle
QNH	altimeter sub-scale setting to obtain elevation when on the ground ==> calage altimétrique faisant indiquer au sol l'altitude de l'aérodrome
QRI	qualification de radiotéléphonie internationale ==> french international radiotelephony qualification
QRP	quick reaction program
QT	qualification technique
QT	Services aéronautiques roannais (F)
QTE	true bearing ==> relèvement vrai
QTP	quality to partnership
QTS	qualification technique supérieure
QUAD,Quad	quadrant
R	concentration de l'oxygéne dans l'air sec
R	red ==> rouge
R	right ==> droite
R&D	research and development ==> recherche et développement
R*	constante universelle des gaz parfaits
R...	restricted area... ==> zone réglementée...
R/C	vitesse ascentionnelle optimale
r/p/y	roll/pitch/yaw
R3C,R3E,R7B,BLU	single sideband reduced carrier ==> bande latérale unique onde porteuse réduite
R3E	cf.R3C
R7B	cf.R3C
RA	radar altimeter ==> altimètre radar
RA	radio altitude ==> altitude radio

RA	rémunérations accessoires
RA	resolution advisory
RA,Ra	rain ==> pluie
RAA	Regional airlines association(US)
RAAF	Royal australian air force
RAAS	radar à antenne synthétique
RAC	rapport air-carburant
RAC	rules of the air and air traffic services ==> règles de l'air et services de la circulation aérienne
rad	radian ==> radian
RAD	random agile de-interleaver algorithm
RADAR	radio detection and ranging
RADNET	radar network ==> réseau radar
RADS	radar alphanumeric display system (US)
RAE	Royal aircraft establishment(UK)
RAeS	Royal aeronautical society(UK)
RAF	Royal air force(UK)
RAFC ==> CRPZ	regional area forecast centre ==> centre régional de prévision de zone
RAFIAM	RAF institute of aviation medicine
RAG	runway arresting gear ==> dispositif d'arrêt de piste
RAG,Rag	ragged ==> déchiqueté
RAI	registro aeronautico Italiano ==> registre aéronautique italien
RAI	répondeur automatique d'information ==> automatic information transmitter
RAI	runway alignment indicator ==> indicateur d'alignement de piste
RAIM ==> CAIR	receiver autonomous integrity monitoring ==> contrôle autonome d'intégrité du récepteur
RAIZ	répondeur automatique d'information de zone ==> automatic zone information transmitter
RAK	Marrakech ==> Marrakech
RAL	Russian airlines
RAL	Rutherford Appleton laboratory(UK)
RAM	random access memory ==> mémoire vive
RAM	Royal Air Maroc
RAMDAM	région d'Athis-Mons délocalisée à Mérignac
RAMP	programme de modernisation des radars(Canada)
RAN	réunion régionale de la navigation aérienne
RAN	Royal australian navy
RAP,Rap	rapprochement ==> inbound track
RAPID,Rapid	rapid,rapidly ==> rapide,rapidement
RAS	rectified airspeed ==> vitesse corrigée
RAS	vitesse par rapport à l'air
RASC	regional AIS system center ==> centre régional du système intégré d'information aéronautique

RASCAL	Rotorcraft aircrew systems concepts aiborne laboratory(US)
RASH	rain showers ==> averses de pluie
RASN	rain and snow,showers of rain and snow ==> pluie et neige,averses de pluie et de neige
RASP	groupe d'experts en application radar
RASS	radio acoustic sounding system ==> détection du cisaillement de vent et de la turbulence de sillage
RAST	recovery assist,secure and traverse
RATS	systéme d'analyse et d'essai des radar (Autriche)
RATT	radio teletype
RB	rescue boat ==> bateau de sauvetage
RB	Syrian Arab Airlines
RBA	Rabat ==> Rabat
RBA	Royal Brunei airlines
RBDA	cf.ELBA
RBDA-F	RBDA fixe
RBDA-L	RBDA largable
RBDA-P	RBDA portable
RBE 2	radar à balayage électronique-2 plans
RCA	reach cruising altitude ==> gagnez l'altitude de croisière
RCA	règlement de la circulation aérienne ==> air traffic regulations
RCAG	remote center air-ground communications facility (US)
RCC	rescue coordination center ==> centre de coordination de sauvetage
RCCC	regional communications control center (US)
RCE	radio control equipment (US)
RCF	radiocommunication failure ==> interruption des télécommunications
RCF	remote communications facility (US)
RCH,Rch	reach,reaching ==> rejoignez,je rejoins,j'arrive à
RCJ	Raytheon corporate jet(US)
RCL	radio communications link
RCL	runway central line ==> axe de piste
RCLL	runway central line lights ==> feux d'axe de piste
RCM	besoins fondamentaux de l'exploitation,critères de planification et méthodes d'application
RCO	remote communications outlet
RCRS	regenerative carbon dioxide removal system
RCS	radar cross section ==> surface radar équivalente
RCS	rudder control system
rd,Rd	rad ==> rad
RDH	reference datum height ==> hauteur de référence
RDL,Rad	radial ==> radial
RDO,Rdo	radio ==> radio
RDP	radar data processing system ==> systéme de traitement des informations radar

RDPL-	Lao people's democratic republic ==> Répubique démocratique populaire du Lao
RDS	radio data system
RDSS	radar determination satellite system
RDT & D	research,development,trial and demonstration programmes
RDU	Raleigh Durham
RDX	cyclotrimethilénetrinitramine
RDZ	Rodez ==> Rodez
RE&D	research,engineering and development
RE,Re	recent ==> récent
REC	Recife ==> Recife
REC,Rec	receive,receiver ==> récepteur,réception
Recon	reconnaissance
REDL	runway edge lights ==> feux de bord de piste
REF,Ref	reference to...,refer to... ==> référence à...,référez vous à...
REG	Regional airlines
REG,Reg	registration ==> immatriculation
REG,Reg	régularité
REGIS	réseau électronique gouvernemental interadministratif spécialisé
REIL	runway end identification lights ==> feux d'extrémité de piste
rem,REM	dose de rayonnement
RENAR	réseau de la navigation aérienne (F)
RENL	runway end lights ==> feux d'extrémité de piste
RENPAR	cf.FADEC
REP,Rep	report,reporting,reporting point ==> rendez compte,compte rendu,point de compte rendu
REQ,Req	request,requested ==> demande,demandé,requis
RERTE,Rerte	reroute ==> changez d'itinéraire
RESA	runway end security area ==> aire de sécurité d'extrémité de piste
REVD	research external-vision display
REVISE	research vehicle for the inflight submunition ejection
RF	radiofréquence ==> radiofrequency
RFF	Rescue and fire fighting group(ICAO) ==> Groupe sur le sauvetage et la lutte contre l'incendie
RFO	Radio France outre-mer
RFP	request for proposal
RFT	véhicule de mesure de frottement sur piste
RFU	radio frequency unit ==> unité de fréquence radio
RG	cf. OH
RG	range,range lights ==> alignement,feux d'alignement
RG	Varig
RGCPS	Review of the general concept of separation panel ==> Groupe d'experts sur l'examen de la notion générale d'espacement
RGCSP	Groupe d'experts sur l'examen de la notion générale d'espacement

RIAIR	Riga airlines express
RIF	reclearance in flight ==> modification d'autorisation en cours de vol
RIMCOF	Research and development institute of metals and composites for future industries(Japon)
RIO	Rio de Janeiro ==> Rio de Janeiro
RIS	retroreflector in space
RISC	reduced instruction set computer (US)
RITE	right ==> droite,à droite
RJ	Regional jet
RJ	Royal Jordanian Airlines,Alia
RJTT	Tokyo ==> Tokyo
RK	Air Afrique
RKA	Agence spatiale russe ==> Russian space agency
RL	report leaving ==> rendez compte au moment de quitter
RLA,Rla	relay to... ==> retransmettez à...
RLD	Rijksluvhtvaartdienst Netherlands ==> Civil aviation department
RLG	ring laser gyro ==> gyrolaser
RLLS	runway lead-in light system ==> dispositif lumineux de guidage vers la piste
RM	route magnétique ==> magnetic track
RMAF	Royal malaysian air force
RMI	radio magnetic indicator
RMK,Rmk	remarks ==> remarques
RML	radar microwave link
RMM	remote maintenance monitoring
RMMS	RMM system
RMS	remote manipulation system
RMS	remote monitoring subsystem
RMSC	RMS concentrator (US)
RN	Euralair International (F)
RNA	Royal Nepal Airlines
RNAV,R NAV	area navigation ==> navigation de surface
RNC	radio navigation chart ==> carte de radio navigation
RNE	Roanne ==> Roanne
RNG,Rng	radiorange ==> radioalignement
RNoAF	Royal norvegian air force
RNP	required navigation performance ==> qualité de navigation requise
RNPC	required navigation performance capability
RNS	Rennes ==> Rennes
RNS	routes networj sector ==> secteur de réseau de routes
RO	royal ordnance(UK)
RO	Tarom Romanian Air Transport
ROBEX	regional OPMET bulletin exchange ==> système d'échange régional de bulletins météorologiques d'exploitation

ROC	rate of climbe ==> vitesse ascentionnelle,vitesse verticale de montée
ROC	Royal observers corp(UK)
ROD	rate of descent ==> vitesse descentionnelle,vitesse verticale de descente
ROFOR	route forecast ==> prévision de route
RoKAF	Republic of Korea air force
ROM	read only memory ==> mémoire morte
ROM	redéploiement,orientation,mobilité
ROM	Roma ==> Rome
ROMATSA	Administration roumaine des services de la circulation aérienne
RON	receiving only ==> réception seulement
ROS	rapport d'onde stationnaire
ROSSJEP	Association Jeppesen-Russie pour l'information aéronautique
RP-	Philippinas ==> Philippines
RPA	radar primaire d'aérodrome
RPA	Rotorcraft pilot's association
RPER	radar primaire en route
RPG	radar product generator
RPL	repetitive flight plan ==> plan de vol répétitif
RPLC,Rplc	replace,replaced ==> remplacer,remplacé
RPM	radar primaire militaire
RPM	revenue passenger mile
RPS	radar position symbol ==> symbole de position radar
RPV	remotely piloted vehicle ==> véhicule piloté à distance
RQMNTS,Rqmnts	requirements ==> exigences
RQP	request flight plan ==> demande de plan de vol
RQS	request supplementary flight plan ==> demande de plan de vol complémentaire
RR	report reaching... ==> rendez compte au moment d'atteindre...
RR	Rolls-Royce
RRA	cf.SER
RRA,RRB,RRC...	message météorologique retardé
RRDS	racal radar defence system(UK)
RRTM	Rolls Royce Turbomeca
RRWDS	radar remote weather display system
RSA	Réseau des sports de l'air(F)
RSC	rescue sub-center ==> centre secondaire de sauvetage
RSCD	runway surface condition ==> état de surface de piste
RSCSG	Groupe d'étude sur l'état de surface des pistes
RSCTA	redevance pour les services terminaux de la circulation aérienne
RSD	responsable sécurité défense (F)
RSE	roue simple équivalente
RSFTA	cf. AFTN

RSO	cf SAR
RSP	responder beacon ==> radiophare répondeur
RSR	en-route surveillance radar ==> radar de surveillance de route
RSSP	Groupe d'experts du systéme radar
RSTCA	redevance pour services terminaux de la circulation aérienne (F)
RT	radiotelephony ==> radiotéléphonie
RT	receiver transmitter ==> émetteur récepteur
RTA	réglement du transport aérien ==> air transport regulations
RTA	required time of arrival
RTAF	Royal thai air force
RTCA	Radio technical commission for aeronautic (US)
RTCU	remote terminal control unit
RTD,Rtd	delayed ==> retardé
RTE,Rte	route ==> itinéraire
RTF	radiotelephone ==> radiotéléphone
RTG	radiotelegraph ==> radiotélégraphe
RTHL	runway threshold light ==> feu de seuil de piste
RTK	revenu tonne kilomètre
RTM	resin transfer molding ==> injection de résine sous basse pression
RTM	Rotterdam ==> Rotterdam
RTN,Rtn	return,returned,returning ==> retournez,retourné,je retourne
RTo	rejected take-off ==> décollage interrompu
RTODAH	distance utilisable pour le décollage interrompu (hélico.)
RTODR	rejected take-off distance required ==> distance nécessaire pour le décollage interrompu
RTR	remote transmitter receiver (US)
RTS	return to service ==> remis en service
RTT	radioteletypewriter ==> radiotéléimprimeur
RTZL	runway touchdown zone light ==> feu de zone de toucher des roues
RUH	Riyadh ==> Riyadh
RUN	Saint Denis ==> Sainr Denis
RUT	standard regional route trasmitting freqencies ==> fréquences standard régionales d'émission de route
RV	rescue vessel ==> navire de sauvetage
RVL	radar à visée latérale
RVR ==> PVP	runway visibility range ==> portée visuelle de piste
RVV	runway visibility value (US)
RWR	radar warning receiver
RWY,Rwy	runway ==> piste
RXL	Air Exel
s	seconde ==> second
S	concentration d'azote dans l'air
S	constante de Sutherland

S	siemens ==> siemens
S	south,southern latitude ==> sud,latitude sud
S	supplementary ==> supplétive
S/CTA	specialized control area ==> région de contrôle spécialisée
S/CTR	specialized control zone ==> zone de contrôle spécialisée
S2	Bangladesh ==> Bangladesh
S350	Ecureuil SA 350
S365	Dauphin SA 365
S601	Corvette SN 600
S7-	Seychelles ==> Seychelles
S9-	Sao Tom and Principe ==> Sao Tomé et Principe
SA	cf.SAA
SA	duststorm,sandstorm,rising dust,rising sand ==> tempête de poussière,tempête de sable,chasse-poussière,chasse-sable
SA	selective availability
SAA	South African Airways
SAA	zone terminale sensible
SAAF	South Africa air force ==> Force aérienne sud africaine
SAARC	Association sud asiatique de coopération régionale
SABCA	Société anonyme Belge de construction aéronautique
SABENA	Société anonyme belge d'exploitation de la navigation aérienne
SAC	service de l'aviation civile ==> civil aviation service
SAC	Strategic air command(US)
SACCP	small-aeroplane certification-compliance programme
SAe	Singapore aerospace
SAE	Société des amis de l'ENSAE et de l'ENSTA(F)
SAE	Society of automotive engineering(US)
SAEC	Singapore airlines engineering
SAGE	système automatisé de gestion de l'exploitation
SAH	Sanaa ==> Sanaa
SAI	Snow aviation international(US)
SAIC	Shangai aviation industrial corp.
SALADIN	système d'aide à la detection d'incursions (F)
SALIS	ship's aircraft landing information system
SALS	simple approach light system ==> dispositif lumineux d'approche simplifié
SAM	selling aerospace manager
SAM	Sociedad aeronautica de Medellin
SAM	South America region ==> région Amérique du sud
SAM	surface-to-air missile ==> missile surface-air
SAM,Sam	cf.SAT
SAMA	Small aircraft manufacturers association (US)
SAMA	Sport aircraft manufactuters association(US)

SAMPE	Society for the advancement of materials and process ingineering
SAMS	space acceleration monitoring system
SAN	San Diego ==> San Diégo
SAN,San	sanitary ==> sanitaire
SAO	cf.CAS
SAO	Sao Paulo ==> Sao Paulo
SAP	as soon as possible ==> dés que possible
SAP	zone sensible en route
SAPAC	Syndicat autonome des personnels de l'aviation civile(F)
SAPO	société anonyme à participation ouvrière
SAPSER	Société aéroportuaire de prestation de services (F)
SAR	search and rescue ==> recherches et sauvetage
SAR	system analysis recorder (US)
SAR ==> RSO	synthetic aperture radar ==> radar à synthèse d'ouverture
SARA	safety and reliability analysis
SARA	système d'aide à la radionavigation aérienne(F)
SARIB	système antirésonnant
SARPS	standards an recommanded practices ==> normes et pratiques recommandées
SAS	Scandinavian airlines system
SASCO	Singapore aviation services company
SAT	South Atlantic region ==> région Atlantique sud
SAT	super Airbus transport
SAT,Sat	saturday ==> samedi
SATIC	Special aircraft transport international company
SATIN	système automatisé de traitement des informations nationales (F)
SATS	small airfield for tactical support ==> petit aérodrome d'appui tactique
SB,Sb	southbound ==> en direction du sud
SBA	Service des bases aériennes(F) ==> Air bases service
SBAC	Society of british aerospace companies
SBC	Sonic boom committee ==> Comité sur le bang sonique
SBK	Saint Brieux ==> Saint Brieux
SBZZ	Brazil ==> Brésil
Sc	scintillant ==> flashing light
Sc,SC	stratocumulus ==> stratocumulus
SCAMP	single channel,antijam manportable
SCARA	Syndicat des compagnies aériennes régionales et d'affaires(F)
SCAT	scatterometer
SCC	Space communications corp.(Japon)
SCDU	satellite control display unit
SCDVE	système de commandes de vol électroniques
SCEEI	Service de coordination économique,européenne et internationale(F)

SCEI	Société commerciale d'expansion industrielle(F)
SCFN	spherical convergent flap nozzle
SCL	Santiago de Chile ==> Santiago du Chili
SCMA	Singapore-China merchants aviation holdings ltd
SCN	specification change notice ==> spécification de changement notifié
SCOATCC	Scottish and oceanic air traffic control centre
SCQ	Saint Jacques de Compostelle
SCRR	service central des redevances de route
SCT	supersonic commercial transport
SCT,Sct	scattered ==> épars
SCTA	Service du contrôle du trafic aérien (F) ==> Air traffic control service
SD	system display ==> système de visualisation
SDA	système de détection aéroporté
SDAN	schéma directeur aéroportuaire national(F)
SDAU	safety data analysis system
SDBY	stand by ==> attendez,de secours
SDC	strategic defense center ==> centre de défense stratégique
SDE	seuil d'atterrissage décalé ==> landing displaced threshold
SDI	strategic defense initiative
SDIO	Strategic defense initiative organization(US)
SDIS	service départemental d'incendie et de secours (F)
SDLM	special depot-level maintenance
SDP	Sous direction des personnel et des affaires juridiques(DGAC)
SDQ	Saint Domingue
SDRC	Structural dynamics research corporation(US)
SDT	Sous direction du travail et de l'emploi(DGAC)
SDU	satellite data unit
SE	south-east ==> sud est
SE-	Sweden ==> Suède
SEAC	service d'état de l'aviation civile(F)
SEB	south-eastbound ==> en direction du sud est
SEC	spoiler elevator computer secondary
SEC,Sec	second ==> seconde
SECS	sous système de création et d'exécution de scénario
SECT,Sect	sector ==> secteur
SEEA	South east european airlines
SEF	stability enhancement function
SEFA	Service d'exploitation de la formation aéronautique(F)
SEI	system engineering and integration
SEL	Séoul ==> Seoul
SEL	sound exposure level ==> niveau d'exposition au bruit
SELCAL	selective calling system ==> système d'appel séléctif
SENEL	niveau d'exposition au bruit par événement

SENESA	Ecole espagnole de l'aviation
SEOC	Singapore engine overhaul center
SEP	Société européenne de propulsion
SEP,Sep	september ==> septembre
SEPLA	Syndicat des pilotes de ligne espagnols
SER,Ser	service,servicing,served ==> service,entretien,desservi
SER ==> RRA	surface équivalente radar ==> radar reflective area
SERC	Science and engineering research council(UK)
SERT	Service d'études et de recherches sur les transports
SETIM	Service des équipements et techniques instrumentales de la méteorologie
SEV,Sev	severe ==> fort
SEWP	scientific and engineering workstation procurement(US)
SEZ	Mahe Island ==> ile de Mahé
SF	Air charter
SF3	SAAB Fairchild 340
SFA	cf.AFS
SFA	Sfax ==> Sfax
SFACT	Service de la formation aéronautique et du contrôle technique(F)/Technical inspecting and aeronautical training service
sfc	specific fuel consumption
SFC,Sfc	surface ==> surface
SFH	véhicule de mesure de frottement(pneu haute pression)
SFL	véhicule de mesure de frottement(pneu basse pression)
SFO	San Francisco ==> San Francisco
SG	snow grains ==> neige en grains
SGBD	système de gestion de base de données
SGDN	Secrétariat général de la défense nationale (F)
SGEU	système géodésique européen unifié ==> united geodesic european system
SGF	système géodésique français
SGITA	système de gestion informatisée de traitement des accréditations de circulation sur les aérodromes
SGL,Sgl	signal ==> signal
SGN	Ho Chi Minh ville ==> Ho Chi Minh ville
SGOT	sous groupe opérationnel et technique(F)
SGZ	Salzburg ==> Salzbourg
SGZD	secrétariat général de zone de défense (F)
SH,Sh	shower ==> averse
SH3	Short SD 330
SH6	Short 360
SHA	Shanghai ==> Shanghaï
SHAA	Service historique de l'armée de l'air(F)
SHARP	super high-altitude research project

SHASA	small high altitude science aircraft
SHF	super high frequency ==> fréquences supérieures
SHJ	Sharjah ==> Sharjah
SHOLIS	ship-helicopter operating limits instrumentation system
Shoran	short range navigation ==> navigation à courte distance
shp	shaft horsepower
SI	système international d'unités
SIA	cf.AIS
SIA	Service de l'infrastructure aéronautique
SIACED	Service interministériel des affaires civiles et économiques de défense (F)
SIACEDPC	Service interministériel des affaires civiles et économiques de défense et de protection civile (F)
SIAE	Salons internationaux de l'aéronautique et de l'espace(F)
SiC	carbure de silicium
SICASP	SSR improvements and collision avoidance system panel ==> Groupe d'experts sur l'amélioration du radar secondaire et les systèmes anticollision
SID	ile de Sal ==> Sal island
SID	standard instrument departure ==> départ normalisé aux instruments
SID	système intégré de diagnostique
SIDMI	Société industrielle aéronautique du Midi (F)
SIF	selective identification feature ==> dispositif sélectif d'identification
SIG	systéme d'information géographique
sigint,SIGINT	signals intelligence
SIGMET	information concerning en-route weather phenomena which may affect the safety of aircraft operations
SIGMET	renseignements relatifs aux phénomènes météorologiques en route qui peuvent affecter la sécurité de l'exploitation aérienne
SIGWX	significant weather ==> temps significatif
SIIA	Société internationale d'investissements aéronautiques
SIL	speech interference level ==> niveau de diaphonie
SIMOPS	simultaneous operations on intersecting or converging runways
SIMUL,Simul	simultaneous,simultaneously ==> simultané,simultanément
SIN	Singapore ==> Singapour
SINT	Société internationale de nacelles de Toulouse(F)
SIOMA	système intégré d'observation météorologique sur les aéroports ==> integrated airport-weather-observation system
SIPT	Société internationale de photogrammétrie et télédétection
SIPTA	Salon international des professionnels du transport aérien (F)
SIR	seveur d'informations radar (F)
SIR	système informatisé de réservation
SIRACEDPC	SIACEDPC régional (F)
SIRPA	Service d'information et de relations publiques de l'armée de l'air(F)

SIS	stall inhibit system
SIS	système d'information Schengen
SISAM	Societa italiana servizi aerei Mediterranei
SIT	secteur d'information de trafic (F) ==> traffic information sector
SIT	self-induced transparency
SITA	Société internationale de télécommunications aéronautiques/Airlines telecommunications and information services
SITL	semaine internationale du transport et de la logistique
SIV	secteur d'information de vol ==> flight information sector
SIV	service d'information de vol
SIVAM	sistema de viligencia da Amazina(Brésil)
SIWL	single isolated wheel load ==> charge par roue isolée
SJAC	Society of japanese aerospace companies
SK	cf.SAS
SKA	station-keeping arrival
SKC	sky clear ==> ciel clair
SKD	station-keeping departure
SKED ==> HOR,Hor	schedule,scheduled ==> horaire,à heures fixes,régulier
SKG	Salonique Thessaloniki ==> Salonique Thessalonique
SKH	skiddomètre(pneu haute pression)
SKL	skiddomètre(pneu basse pression)
SKT	station-keeping on track
SL	sea level ==> niveau de la mer
SLAP	procédure provisoire d'attribution de créneaux
SLAR	side-looking airborne radar ==> radar aéroporté à vision latérale
SLBA	service local des bases aériennes(F)
SLC	service local constructeur
SLCT	système logique de centre terminal (F)
SLED	slight leading edge droop
SLEP	service-life extension programme
SLID	small low-cost interceptor device
SLP	speed limiting point ==> point limitatif de vitesse
SLS	Swiss aviation school
SLT	slot ==> créneau
SLW,Slw	slow ==> lent
SMAS	cf.AMSS
SMAS	service mobile aéronautique par satellite
SMB	scaneur multibande
SMB	System management board
SMC	surface movement control ==> contrôle des mouvements à la surface
SMGCS	surface movement guidance and control system
SMMC	system maintenance monitor console (US)

SMR	surface movement radar ==> radar de mouvements à la surface
SN	cf. SABENA
SN	smoke number ==> indice de fumée
SN,Sn	snow ==> neige
SNA	système de navigation et d'attaque
SNAG	Société nouvelle Air Guadeloupe
SNAGFA	Syndicat national des agents groupeurs de fret aérien(F)
SNAV	Syndicat national des agents de voyage (F)
SNC	small scale ICAO navigation chart ==> carte aéronautique de navigation OACI à petite échelle
SNCTA	Syndicat national des contrôleurs du trafic aérien (F)
SNDTAA	Syndicat national pour le développement des travaux aériens agricoles (F)
SNEAS	Société nouvelle Europe aéro service (F)
SNECMA	Société nationale d'étude et de construction de moteurs d'avions
SNEH	Syndicat national des exploitants d'hélicoptères (F)
SNIAC	Syndicat national des ingénieurs de l'aviation civile(F)
SNIPAG	Syndicat national des industriels et professionnels de l'aviation générale (F)
SNMSAC	Syndicat national des mécaniciens au sol de l'aviation civile (F)
SNOWTAM	snow NOTAM ==> NOTAM neige
SNPE	Société nationale des poudres et des explosifs
SNPL	Syndicat national des pilotes de ligne (F)
SNPNAC	Syndicat national des personnels navigants de l'aviation civile (F)
SNPNC	Syndicat national du personnel navigant commercial(F)
SNS	satellite navigation system
SNSH	snow showers ==> averse de neige
SNTA	Syndicat national des transporteurs aériens(F)
SNTP	space nuclear thermal propulsion
SOC	start of climbe ==> début de montée
SOC	system operations control
SOCA	Cayenne ==> Cayenne
SOF	Sofia ==> Sofia
SOF	special operations forces
SOFCA	Société française de construction aéronautique
SOFREAVIA	Société française d'études et de réalisations d'équipements aéronautiques et météorologiques
SOGAFRO	Société de la gare des agents de fret de Roissy
SOGEPA	Société de gestion et de participation aéronautiques
SOI	silicon on insulator
SOIR	Simultaneous operations on parallel or non-parallel instrument runways group(OACI)
SORP	stand-off radar platform
SOU	Southampton ==> Southampton

SP	special performances
SP	station principale
SP-	Poland ==> Pologne
SPAR	slight precision radar approach ==> radar léger d'approche de précision
SPD	speed ==> vitesse
SPDG	Syndicat professionnel de la géomatique(F)
SPECI	aviation selected special weather report ==> message d'observation spéciale sélectionné pour l'aviation
SPECIAL	special meteorological report ==> message d'observation spéciale
SPEDO	solar powered extanded duration orbiter
SPL	supplementary flight plan ==> plan de vol complémentaire
SPLR	spoiler
SPOR	services publics et organisations rattachées
SPOT	spot wind ==> vent instantané
SPS	standard positioning system
SPU	Split ==> Split
SQ	Singapore Airlines
SQ,Sq	squall ==> grain
sr	stéradian ==> steradian
SR	sans réservation
SR	Swissair
SR,Sr	sunrise ==> lever du soleil
SRA	surveillance approach radar ==> approche au radar de surveillance
SRAM	short range attack missile
SRB	solid rocket booster
SRE	surveillance radar element of precision approach system ==> élément radar de surveillance du système radar d'approche de précision,radar panoramique,radar de surveillance
SRG	short range ==> faible rayon d'action
SRL	space radar laboratory
SRQ	short request
SRR	search and rescue region ==> région de recherche et de sauvetage
SRS	sound retrieval system
SRY,Sry	secondary ==> secondaire
SS	Corsair
SS	station secondaire
SS,Ss	sunset ==> coucher du soleil
SSA	Shinawatra satellite public limited company(Thaïlande)
SSA-	Salvador ==> Salvador
SSAFA	Soldier's sailor's and airmen's family association(UK)
SSB ==> BLU	single sideband ==> bande latérale unique
SSBA	services spéciaux des bases aériennes(F)
SSBC	système de sondage des basses couches de l'atmosphère

SSC	supersonique Concorde
SSD	simulation system division(US)
SSE	south-south-east ==> sud sud est
SSF	STVOL strike fighter
SSF	system support facility (US)
SSGW	surface to surface guided weapon
SSIS	service de sécurité,incendie et sauvetage ==> rescue and fire fighting service
SSL	system support laboratory (US)
SSLF	supersonic laminar flow ==> écoulement laminaire supersonique
SSLV	standard small launch vehicle
SSME	space shuttle main engines
SSO	sun-synchronous orbit ==> orbite héliosynchrone
SSR	surveillance secondary radar ==> radar secondaire de surveillance
SST	sea-surface temperature ==> température à la surface de la mer
SST ==> TSS	supersonic transport ==> transport supersonique
SSTO	single stage to orbit
SSTO	single stage to orbit booster ==> lanceur spatial monoétage
SSTP	technical panel on supersonic transport operations ==> groupe technique d'experts sur l'exploitation des avions supersoniques de transport
SSW	south-south-west ==> sud sud ouest
st	static thrust ==> poussée statique
ST	Sierra technologies inc.(US)
ST	super transporteur
St,ST	stratus ==> stratus
ST-	Sudan ==> Soudan
STA	Service des transport aérien ==> Air transport service
STA	straight in approach ==> approche directe
STA	surface to air ==> surface-air
STAC	système de télésurveillance centralisée (F),supervision technique centralisée(F)
STAMP	système de dépôt de plans de vol (F)
STANAGS	standardization agreement
STAP	Statistics panel ==> Groupe d'experts en statistiques
STAR	redevances et statistiques (F)
STAR	specialized training in aeronautics and research
STAR	standard instrument arrival ==> arrivée normalisée aux instruments
STARS	surveillance targeting attack radar system
START	stategic arms reduction treaty
STBA	Service technique des bases aériennes(F)
STC	supplemental type certificate ==> certificat de type complémentaire
STCA	short term conflict alarm
STD	spécifications techniques détaillées (F)

STD,Std	standard ==> normalisé,standard,type
STEP	service test and evaluation program (US)
STET	Service technique des engins tactiques(F) ==> French tactical engine technology directorate
STF,Stf	stratiform ==> stratiforme
STIP	système de traitement initial du plan de vol (F)
STL	Saint Louis ==> Saint Louis
STME	space transportation main engine
STN	London Stansted ==> Londres Stansted
STN,Stn	station
STNA	Service technique de la navigation aérienne (F)
STNR,Stnr	stationary ==> stationnaire
STO	Stockholm ==> Stockholm
STOL ==> ADAC	short take-off and landing aircraft ==> avion à décollage et à atterrissage courts
STP	satellite ticket printer
STPA	Service technique des programmes aéronautiques
STPV	système de traitement du plan de vol (F)
STR	Stuttgart ==> Stuttgart
STR	système de traitement radar (F)
STS	surface to surface ==> surface-surface
STS,Sts	status ==> état
STTE	Service technique des télécommunications et des équipements aéronautiques (F)
STWL	stopway lights ==> feu de prolongement d'arrêt
SU	Aeroflot Russian International Airlines
SU-	Egypt ==> Egypte
SUBJ,Subj	subject to... ==> soumis à...
SUN,Sun	sunday ==> dimanche
Sup'Aéro	cf.ENSAE
SUP,Sup	supérieur,au dessus de... ==> above,upper...
SUPARCO	Space and upper atmosphere research commission(Pakistan)
SUPPS	regional supplementary procedures ==> procédures complémentaires régionales
SUR VIAC	Survavibility-vulnerability informations analysis center(US)
Surv	surveillance ==> surveillance
Sv	sievert ==> sievert
SV	Saudia Arabian Airlines
SVC	service message ==> message de service
SVCBL,Svcbl	serviceable ==> utilisable
SVG	Saint Vincent and the Grenadines ==> Saint Vincent et Grenadines
SVQ	Sevilla ==> Séville
SVS	synthetic vision system (US)
SVVL	Software verification and validation laboratory(US)

SW	south-west ==> sud ouest
SW2	Swearingen Metro 2
SW3	Swearingen Metro 3
SW4M	Swearingen Merlin 4
SWB	south-westbound ==> en direction du sud ouest
SWIFT	specifications for working positions in future air traffic control
SWM	Swearingen Metro
SWR	Swissair
SWY,Swy ==> PA	stopway ==> prolongement d'arrêt
SX	exploitation simplex
SX-	Greece ==> Grèce
SXB	Strasbourg ==> Strasbourg
SXM-	San Martin ==> Saint Martin
SYCOSCAN	système de contrôle par scanning(F)
SYD	Sydney ==> Sydney
SYS	system ==> système
SYSSO	système de supervision technique du sud-ouest (F)
T	concentration de CO_2 dans l'air
T	temperature ==> température
T	tesla ==> tesla
T&E	test and evaluation
t,T	ton ==> tonne
T1	température de fusion de la glace
TA	cf.TA/H
TA	traffic advisory
TA	transition altitude ==> altitude de transition
TA/H	turn altitude,hight ==> altitude,hauteur de virage
TAA	terminal advanced automation (US)
TAAATS	The australian advanced air traffic system
TAAM	total airspace and airport modeller
TAAS	terminal advanced automated system
TAC	Tactical air command(US)
TAC	Taïwan aerospace corporation
TACAN	tactical air navigation aid ==> système de navigation aérienne tactique
TACAWS	the army combined arms weapon system(US)
TACCSF	theater air command and control simulation facility(US)
TACHELE	tache élémentaire
TACP	tactical air control party
TACT	tactical flow management
TAD	Tropical aviation distributors
TAECO	Taikoo aircraft engineering(Chine)
TAESA	Transportes aereos ejecutivo SA(Mexique)

TAF	aerodrome forecast ==> (message de) prévision météorologique d'aérodrome
TAFF	téléaffichage
TAGS	text and graphics system
TAI	temps atomique international
TAIL	tail wind ==> vent arrière
TALD	tactical air-launched decoys(Israel)
TAM	Travaux aériens de Madagascar
TAMSCO	Technical and management services company
TAMU	Transporte aereo militar Uruguayo
TANS	tactical air navigation system
TAP	terminal area productivity
TAP	Transportes aero portugues
TAR	terminal area surveillance radar ==> radar de surveillance de région terminale
TAR	Tunis Air
TAS	Terres d'aventures service(F)
TAS	Transporti aerei speciali(Italie)
TAS ==> VV	true air speed ==> vitesse vraie
TASM	tactical air-to-surface missile ==> missile tactique air-surface
TAT	total air temperature
TAT	Touraine Air Transport,Transport aérien transrégional
TAT-EA	TAT european airlines
TATCA	terminal air traffic control automation concept
TAU	traffic advisory unit
TAX,Tax	taxiing,taxi ==> circulant,circulez au sol
TBA	Thomson-Brandt armement
TBCCO	thallium-barium-calcium-copper-oxygen
TBD	to be determined ==> à définir
TBO	time between overhaul ==> intervalle entre les grandes maintenances
TC	tropical cyclone ==> cyclone tropical
TC-	Turkey ==> Turquie
TCAS	traffic alert and collision avoidance system (US) ==> système d'alerte et d'évitement des collisions
TCCC	tower control computer complex (US)
TCI	through check-in
TCM	Teledyne continental motors
TCN	Transports Canada network
TCS	tower communications system (US)
TCTI	Transports Canada technical institute ==> Institut technique de Transports Canada
TCTS	tactical combat training system
TCU	towering cumulus ==> cumulus bourgeonnant
TD	track display

TDEM	détection utilsant l'interaction du rayonnement magnétique avec la matière
TDI	transformateur digital d'image
TDMA	time division multiple access
TDO,Tdo	tornado ==> tornade
TDRS	tracking and data relay satellite
TDWR	terminal doppler weather radar ==> radar météorologique doppler d'aérodrome
TDZ	touch down zone ==> zone de toucher des roues
TE	Lithuanian Airlines
TE	temps des éphémérides
TEARS	The El Adem radio service
TECR	technical reason ==> raisons techniques
TED	transportation engineering and design
TEEAC	technicien des études et de l'exploitation de l'aviation civile(F)
TEF	Trans Europe Airways
TEL,Tel	telephone ==> téléphone
TELCO	Telephone company (US)
TEMPO,Tempo	temporary,temporarily ==> temporaire,temporairement
TEMPUS	trans european mobility programme for university studies
TEND,Tend	trend,trending to... ==> tendance,tendant à...
TESS	transport efficiency support system(Allemagne)
TET	turbine entry temperature
TF-	Island ==> Islande
TFA	Trans Florida airline
TFC,Tfc	traffic ==> circulation,trafic
TFFF	Fort de France ==> Fort de France
TFR	terrain following radar
TFTS	terrestrial flight telephone system ==> système direct de téléphonie air-sol
TG	Thai Airways International
TG-	Guatemala ==> Guatemala
TGL	touch-and-go landing ==> atterrissage et redécollage immédiat
TGS	taxiing guidance system ==> guidage de circulation au sol
TGV	train à grande vitesse(F) ==> high speed train
TH	cf.TA/H
THAAD	theatre high altitude area defence
THR	Teheran ==> Téhéran
THR	thrust ==> poussée
THR,Thr	threshold ==> seuil
THRU,Thru	through... ==> par...,à travers...
THS	timmable horizontal stabilizer
THT	Turk hava transport
THU,Thu	thursday ==> jeudi

THY	Turkish Airlines
TI	traitement d'images
TI-	Costa Rica ==> Costa Rica
TIALD	thermal imaging and laser designating (US)
TIALD	TV airborne laser development
TIBA	traffic information broadcast by aircraft ==> émission par les aéronefs d'informations sur le trafic
TIL	until... ==> jusqu'à...
TILS	ILS transistorisé
TIMED	thermosphere,ionosphere,mesosphere energetics and dynamics
TINS	thermal imaging navigation system (US)
TIP	until past... ==> jusqu'a...,au delà de...
TJ	tonnes par roues jumelées ==> tons per twin wheels
TJ-	Cameroon ==> Cameroun
TK	cf.THY
TKOF	take off ==> décollage
TKR	tonne-kilomètre réalisé
TL	transition level ==> niveau de transition
TL-	Central African Republic ==> République Centrafricaine
TLA	thrust lever angle
TLE	Air Toulouse
TLF	television microwave link (US)
TLM	Tlemcen ==> Tlemcen
TLN	Toulon ==> Toulon
TLOF	touchdown and lift-off area ==> aire de prise de contact et d'envol
TLPD	traffic load prediction device
TLS	target level of safety ==> niveau de sécurité visé
TLS	Toulouse ==> Toulouse
TLV	Tel Aviv ==> Tel Aviv
TM	cf.LAM
TMA	terminal control area ==> région de contrôle terminale
TMC	traffic message channel
TMD	Transmed Airlines
TMP	Tampere ==> Tampere
TMP	traffic management processor (US) ==> calculateur de gestion du trafic
TMS	terminal magement system
TMS	traffic management system (US) ==> système de gestion du trafic
TMS	training management system
TMU	traffic management unit (US)
TN-	Congo ==> Congo
TNA	thermal neutron analysis ==> analyse thermique des neutrons
TNA	turn altitude ==> altitude de virage

TNCM	Sint Maarten Juliana ==> Saint Martin Julienne
TNE	télémètre de nuages enregistreur
TNEL	total noise exposure level
TNG	Tanger ==> Tanger
TNH	turn height ==> hauteur de virage
TNR	Antananarivo ==> Antananarivo
to	température au niveau de la mer ==> sea-level temperature
TO	take-off ==> décollage
TO	technical order
TO,To	to... ==> à,vers...
TOC	tactical operations center
TOC	top of climb ==> fin de montée
TOD	take-off distance ==> longueur de décollage
TODA	take-off distance available ==> distance utilisable au décollage
TODAH	TODA helicopter
TODRH	take-off distance required for helicopters ==> distance nécessaire au décollage pour hélicoptères
TOE	Tozeur ==> Tozeur
TOGA	take-off go around
TOGW	take-off gross weight
TOMS,Toms	total ozone mapping spectrometer
TOP	cloud top ==> sommet des nuages
TOR	Toronto airways
TORA	take-off run available ==> longueur de roulement utilisable au décollage
TOS	transfer-orbit stage
TP	cf.TAP
TP	turning point ==> point de virage
TPA	Tampa ==> Tampa
TPC	Trades practices commission(Australie)
TPE	Taïpeh ==> Taïpeh
TPG	The Preston group
TPN	tuned perceived noise ==> niveau de bruit perçu corrigé par les sons purs
TPR	Avions Taxis Pyrénèens
TPX	military beacon system (US)
TQM	total quality management
TR,Tr	track ==> route
TR-	Gabon ==> Gabon
TRA	temporary reserved airspace ==> espace réservé temporairement
TRACAB	terminal radar approach control in the tower cab (US)
TRACON	terminal radar approach control (US)
Trans	transport ==> transport
TRANS,Trans	transmits,transmitter ==> émet,émetteur

TRD	Trident
TRDI	Technical research and development institute(Japon)
TRLVL	transition level ==> niveau de transition
TRMM	tropical measurement mission
TRN	Torino ==> Turin
Trng	training
TROP,Trop	tropopause
TRP	technology reinvestment project(US)
TRSB	time reference scaning beam
TRSI	tonnes par roue simple isolée ==> single isolated wheel load
TRU	transformer-rectifier unit ==> transformateur-redresseur
TS	Air transat
TS,Ts	thunderstorm ==> orage
TS-	Tunisia ==> Tunisie
TSC	technical system center
TSC	transportation system center (US)
TSD	Tactical systems division-Rockwell(US)
TSD	tower simulation display,tower situation display
TSG	traffic safety gain
TSGR	thunderstorme with hail ==> orage avec grêle
TSO	technical service order (US)
TSRV	transport system research vehicle
TSS	cf.SST
TSS	tethered satellite system
TSSA	thunderstorm with duststorm or sandstorm ==> orage avec tempête de poussière ou de sable
TSSF	terminal system support facility (US)
TST	Telefunken system-technik AG
TSTO	two stages to orbit
TT	target towing ==> remorquage de cible
TT,Tt	teletypewriter ==> téléimprimeur
TT-	Chad ==> Tchad
TTA	Transporte e trabalho aereo(Mozambique)
TTD	Thomson-TRT défense
TTG	Travel trade gazette
TTPP	Trinidad y tobago ==> Trinidad et tobago
TU	temps universel
TU	Tunis Air
TU-	Côte d'Ivoire ==> Ivory Coast
TU1	temps universel rectifié
TU3	Tupolev 134
TU5	Tupolev 154
TUC	cf. UTC

TUE,Tue ==> MAR	tuesday ==> mardi
TUM	time updated message ==> message de mise à jour
TUN	Tunis ==> Tunis
TURB,Turb	turbulence ==> turbulence
TUSAS	Turquie-US aerospace industries
TVA	cf.VAT
TVA	tuned vibration absorber ==> absorbeur de vibrations accordé
TVLS	taktische luftverdeidigung system(Allemagne)
TVOR	terminal VOR ==> VOR de région terminale
TVP	télévision passager
TW	cf.TWA
TWA	Trans World Airlines
TWEB	transcribed weather broadcast (US)
TWR	aerodrome control tower,aerodrome control ==> tour de contrôle,contrôle d'aérodrome
TWT	travelling-wave tube ==> tube à onde progressive
TWTA	traveling wave tube amplifier ==> amplificateur pour tube à onde progressive
TWY,Twy	taxiway ==> voie de circulation,voie de roulage
TWYL	taxiway-link ==> raccordement de voie de circulation
TXT,Txt	text ==> texte
TY-	Benin ==> Bénin
TYO	Tokyo ==> Tokyo
TYP	type of aircraft ==> type d'aéronef
TYPH,Typh	typhoon ==> typhon
TZ-	Mali ==> Mali
T°C	température celsius
U-S/HS	unserviceable ==> hors service
UA	United Airlines (US)
UAB	until advise by... ==> jusqu'à ce que vous soyez avisé par...
UAC,UACC	upper area control center ==> centre de contrôle de région supérieure
UACC	cf.UAC
UAE ==> EAU	United arab emirates ==> Emirats arabes unis
UAI	Uni Air International
UAL	cf.ALU
UAL	United Airlines (US)
UAR	upper air route ==> route aérienne supérieure
UARS	upper atmosphere research satellite
UAS	United aviation services
UAS	upper airspace ==> espace aérien supérieur
UAV	unmanned air vehicle ==> aéronef sans pilote
UC	cf.CPU

UC	Ladeco
UCCEGA	Union des chambres de commerce et établissements gestionnaires d'aéroports(F)
UCLAT	unité de coordination de la lutte anti-terroriste (F)
UD	Hex Air
UDF	ultra high frequency direction-finding station ==> station radiogoniomètrique ultra haute fréquence
UDS	unité de service
UEA	United Emirates aviation
UEO	cf. WEU
UERE	user equivalent ranging error
UFN	until further notice ==> jusqu'à nouvel avis
UFS	United feeder service(US)
UFTAA	Universal federation of travel agents associations
UGGI	Union géodesique et géographique internationale
UH	Transport air centre (F)
UHB	ultra high bypass ==> trés grand taux de dilution
UHC	ultra high capacity ==> trés grande capacité
UHCA	ultra high capacity aircraft ==> aéronef à trés grande capacité
UHDT	unable higher due traffic ==> impossible plus haut à cause de la circulation
UHF	ultra high frequency ==> ultra haute fréquence
UIC	upper information centre ==> centre de région supérieure d'information de vol
UIO	Quito ==> Quito
UIP	Quimper ==> Quimper
UIR	upper information region ==> région supérieure d'information de vol
UIT ==> ITU	Union internationale des télécommunications ==> International telecommunications union
UIV	unité d'information sur les vols(F) ==> flight information unit
UK	Air UK
UKISG	UK industry support group
UKOOA	UK offshore operators association
UL	Air Lanka
ULM	ultra léger motorisé ==> ultra light motorized
ULR	ultra long range ==> ultra long rayon d'action
UN	United nations ==> Nations unies
UNA,Una	unable ==> impossible
UNAP	unable to approve ==> impossible d'approuver
UND	University of North Dakota
UNEP	United nations environmental program
UNL,Unl	unlimited ==> illimité
UNPROFOR	United nations protective force
UNREL,Unrel	unreliable ==> peu sûr

UPS	United parcel service(US)
US	USair
US ==> HS	unservicible ==> hors service
USA-BIAS	US airports for a better international air service
USAFE	US air force in Europe
USCG	US coast guard
USMC	US marine corps
USML	US microgravity laboratory
USMP	US microgravity payload
USPNT	Union syndicale des personnels navigants techniques (F)
USSB	US satellite broadcasting
USTKE	Union syndicale des travailleurs kanaks et exploités
UTA	Union du transport aérien
UTA	upper terminal area ==> région supérieure de contrôle
UTC	United technologies(US)
UTC ==> TUC	universal time coordinated ==> temps universel coordonné
UTM	universal transversal mercator
UWR	ultra-wideband radar ==> radar à trés large bande
UY	Cameroon Airlines
V	volt ==> volt
V/S	vertical speed ==> vitesse verticale
V1	vitesse critique
V1	vitesse de décision
V2	vitesse corrigée d'envol,vitesse d'envol,vitesse de sécurité au décollage
V2-	Antigua and Barbuda ==> Antigua et Barbuda
V3-	Belice ==> Bélize
V4-	Saint-Kitts-et-Nevis ==> Saint Kitts and Nevis
V8-	Brunei Darussalam ==> Brunei Ddaressalam
VA	Viasa
VA	vitesse de manoeuvre de calcul
VAAC	vectored thrust aircraft advanced flight control
VAC	visual approach chart ==> carte d'approche à vue
VACBI	video and computer based instruction (Aéroformation) ==> enseignement assisté par ordinateur et vidéo
VACP	vol affrété pour compte propre
VAF	Valencia ==> Valence
VAFO	vol à forfait
VAL	in valleys ==> dans les vallées
VAMS	vol affrété pour manifestation spéciale
VAN	runway control van ==> véhicule de contrôle de piste
VANOM	visite d'aptitude à la mise en oeuvre et la maintenance
VAO	vision assistée par ordinateur

VAP	Visual aids panel
VAP ==> APR	vehicule automatique planétaire ==> automatic planetary rover
VAPS	virtual anything prototyping system
VAR	visual-aural radio range ==> radioalignement audiovisuel
VAR,Var ==> DEC	magnetic variation ==> déclinaison magnétique
VARA	vol avec réservation à l'avance
VARJ	vol affrété réservé aux jeunes
VASIS	visual approach slope indicator system ==> indicateur visuel de pente d'approche
VAT ==> TVA	value added tax ==> taxe à la valeur ajoutée
VAV	vol à voile ==> gliding
VAW	Volcanic ash warning group(OACI)
VB	vitesse limite en atmosphère turbulente,vitesse de calcul à la rafale maximale
VBV	variable bleed valve
VC	cf.CAS
VC	vitesse de calcul en croisiére
VCA	voie de circulation d'aérodrome
VCE	Venezia ==> Venise
VCY,Vcy	vicinity ==> abords,voisinage
VD	Air Liberté(F)
VD	design diving speed ==> vitesse de calcul en piqué
VDF	VHF direction-finding station ==> station radiogoniomètrique VHF
VDL	VHF digital link ==> liaison numérique en VHF
VDOP	composante verticale du PDOP(GPS)
VDP	point de descente à vue ==> visual descent-point
VDU	video display unit ==> tube cathodique
VECP	value engineering change proposal
VEMD	vehicle and engine management display
VEN,Ven	cf.FRI
VEP	vehicle evaluation payload
VER,Ver	vertical ==> vertical
Vf	vitesse admissible sans vibrations aéroélastiques
VF	videofréquence
VFC	vortex flow control
VFE,Vfe	maxi velocity flaps extended ==> vitesse maximale de sortie des volets
Vfo	vitesse de manoeuvre des volets
VFR	visual flight rules ==> règles de vol à vue
VG	variable gain ==> gain variable
VGO	Vigo ==> Vigo
VH	visibilité horizontale ==> horizontal visibility
VH-	Australia ==> Australie
VHF	very high frequency ==> trés haute fréquence

VHRR	very high resolution radiometer ==> radiomètre à trés haute définition
VI	cf.IAS
VIA	Vienna international airport
VIBAL	visibilité balises ==> runway markers visibility
VIC	véhicule d'intervention courante (F) ==> common intervention vehicle
VIE	Wien ==> Vienne
VIM	véhicule d'intervention massive (F)
VIP	very important person ==> personnalité importante
VIS,Vis	visibility ==> visibilité
Vista	variable inflight stability test aircraft
VISTA	variable-stability inflight simulator aircraft
VLA	very light aircraft ==> avion trés léger
VLC	Valencia ==> Valence
VLCA	very large capacity aircraft ==> aéronef à trés grande capacité
VLCT	very large commercial transport
Vle,VLE	vitesse train sorti
VLF	very low frequency ==> trés basse fréquence
VLL	Valladolid ==> Valladolid
Vlo	vitesse de manoeuvre du train
VLOF	cf.Vloff
Vloff	vitesse d'envol
VLR	very long range ==> trés grand rayon d'action
Vm	vitesse recommandée de montée
VM	Regional Airlines
VMC	visual meteorological conditions ==> conditions météorologiques de vol à vue
VMC	vitesse minimale de contrôle ==> minimum control speed with the critical engine inoperative
VMCA	velocity minimum control airspeed ==> vitesse minimale de contrôle de l'avion
VMCLC	vitesse minimale de contrôle à l'approche et à l'atterrissage pour l'approche continue
VMCLD	vitesse minimale de contrôle à l'approche et à l'atterrissage pour l'approche interrompue
VMM	veille météorologique mondiale
Vmo	vitesse maximale en opération
VMo	Vmo en mach
VMO	vitesse maximale admissible en utilisation ==> maximum permitted operating flight speed
VMS ==> PMV	variable message sign ==> panneau à message variable
VMU	vitesse minimale de décollage
VNE	vitesse à ne jamais dépasser ==> never-exceed speed
VO	Tyrolean Airways

VOC	volatile organic compound
Vocalise	voice comprehension for advanced learning and impress of syntax through extended simulators
VOLMET	meteorological information for aircraft in flight ==> renseignement météorologique destiné aux aéronefs en vol
VOR	VHF omnidirectional radiorange ==> radiophare omnidirectionnel VHF
VORTAC	VOR and TACAN combination ==> VOR et TACAN associés,combinaison VOR et TACAN
VOT	VOR airborne equipment test facility ==> installation de vérification de l'équipement VOR de bord
VOT	VOR test (US)
VP	vitesse propre ==> true air speed
VP-,VQ-,VR-	United Kingdom colonies and protectorats ==> colonies et protectorats du Royaume-Uni
VR	Transportes Aeros de Cabo Verde
VR	vitesse d'amorçage du cabré,vitesse de cabrage
VRB,Vrb	variable ==> variable
VREF	landing reference speed ==> vitesse de référence à l'atterrissage
VRF	vitesse de référence ==> reference speed
VRN	Verona ==> Vérone
VRS	voice response system (US)
VRSI	vedette rapide de secours incendie ==> fast fire emergency boat
VS	velocity stall ==> vitesse de décrochage
VS	vitesse sol ==> ground speed
Vs1	vitesse de décrochage,vitesse minimale de vol en régime stabilisé ==> stalling speed,minimum steady flight speed in a specified configuration
VSA	by visual reference to the ground ==> à vue
VSA	véhicule de surveillance des aires(F)
VSCF	variable-speed-constant-frequency
VSCS	voice switching and control system
VSD	vitesse de sécurité au décollage
Vso	stalling speed ,minimum steady flight speed in the landing configuration ==> vitesse de décrochage,vitesse minimale de vol en régime stabilisé en configuration d'atterrissage
VSP	vertical speed ==> vitesse verticale
VSS	visual simulation system
VSTOL	very STOL ==> avion à atterrissage et décollage trés courts
VSV	variable stator vane
VSV	vol sans visibilité ==> flight without visibility
VT	vitesse au seuil ==> speed over threshold
VT-	India ==> Inde
VTA	visa de transit aéroportuaire(F)
VTBD	Bangkok ==> Bangkok

VTC	visual terminal chart ==> carte de région terminale
VTM	vessel traffic management
VTmax	VT maximale
VTMD	vitesse maximale de démonstration au seuil
VTmin	VT minimale
VTOL/ADAV	vertical take-off and landing ==> avion à décollage et atterrissage verticaux
VTS	vessel traffic service
VTS	video timesharing service
VULCAN	groupe chargé de l'observation des volcans
VULCAN-AUS	VULCAN Australie
VULCAN-IND	VULCAN Indonésie
VV	cf.TAS
VV	vertical visibility ==> visibilité verticale
VV	vitesse verticale ==> vertical speed
VVS	Russian air force
VVTS	Ho Chi Minh ville ==> Ho Chi Minh ville
Vy	vitesse de montée
W	watt ==> watt
W	west,western longitude ==> ouest,longitude ouest
W	white ==> blanc
WAC	world aeronautical chart(ICAO) ==> carte aéronautique du monde
WAD	World aviation directory ==> Répertoire mondial de l'aviation
WADGPS	wide area differential GPS
WAEA	World airlines entertainement association
WAFC	world aeronautical forecast center ==> centre mondial de prévision de zone
WAFS	world aeronautical forecast system ==> système mondial de prévision de zone
WARC	World administration radio conference
WARF	wide aperture research facility
WAS	Washington ==> Washington
WAS	World aviation support(UK)
WAW	Warsaw ==> Varsovie
Wb	weber ==> weber
WB,Wb	westbound ==> en direction de l'ouest
WBAR	wing bar lights ==> feux de barre de flanc
WCP	weather communications processor (US)
WDH	Windhoek ==> Windhoek
WDI	wind direction indicator ==> indicateur de direction du vent
WDSPR,Wdspr	widespread ==> étendu
WECPNL	niveau pondéré de bruit perçu continu équivalent
WECPNLN	WECPNL pour la nuit
WED,Wed ==>	wednesday ==> mercredi

MER	
WEF	with effect from...,effective from... ==> prend effet à partir de...
WEFT	weightless environment training facility ==> dispositif d'entrainement en apesanteur
WEU	Western european union ==> Union européenne occidentale
WEUSC	Western european union satellite centre
WFPC	wide field planetary camera
WFU	withdrawn from use
WGS	world geodetic system ==> système géodésique mondial
WHC	Wuhan helicopters(Chine)
WHO ==> OMS	World health organization ==> Organisation mondiale de la santé
WI,Wi	within ==> à l'intérieur,dans
WID,Wid	width ==> largeur
WIE	with immediate effect,effective immediately ==> prend effet immédiatement
WIGE	wing-in-ground effect ==> effet de sol
WILCO	will comply
WIN ==> HIV,Hiv	winter ==> hiver
WINTEM	forecast upper wind and temperature for aviation ==> prévision du vent et de la température en altitude pour l'aviation
WINZ	weather information New Zealand
WIP	works in progress ==> travaux en cours
WIST	Low level wind shear and turbulence group(OACI)
WKN,Wkn	weaken,weakening ==> diminue,diminuant
WLT	weapons loading trainer
WMO/OMM	World meteorological organization ==> Organisation météorologique mondiale
WMSC	weather message switching center (US)
WMSCR	WMSC replacement (US)
WNW	west north west ==> ouest nord ouest
WO,Wo	without ==> sans
WOMBATS	wide operational management on beacons for air traffic sectors (Australie)
WOVO	World organization for volcanos observation ==> Organisation mondiale des observatoires de volcans
WPT	way-point ==> point de cheminement
WRNG,Wrng	warning ==> avertissement
WS	wind shear ==> cisaillement du vent
WSF	wake shield facility
WSR	weather service radar (US)
WST	weapon system trainer
WSW	west south west ==> ouest sud ouest
WT,Wt	weight ==> poids
WTSPT,Wtspt	waterspout ==> trombe marine

WTTC	World travel & tourism council
WVAC	West Virginia air center
WVCDA	wake vortex constraints for departing aircraft
WVWS	wake vortex warning system
WWA	Wing West airline
WWW	World wide Web service
WX	weather ==> temps
WXR	weather ==> conditions météorologiques
WXX	main carrier is pulse modulated ==> onde porteuse principale modulée par impulsions
WYSIWYG	what you see is what you get ==> vous obtenez ce que vous voyez
X	cross ==> franchissez
XA-,XB-,XC-	Mexico ==> Mexique
XAC	Xi'an aircraft industrial corp. (Chine)
XAEC	Xi'an aero engine(Chine)
XBAR	crossbar ==> barre transversale
XMM	Xray multi mirror mission
XNG	crossing... ==> franchissement de... ,,je franchis...
XRY	Jerez de la frontera ==> Jerz
XS	atmospherics ==> atmosphériques
XT-	Burkina Faso ==> Burkina Faso
XTTC	World travel & tourism council
XU-	Democratic Kampuchea ==> Cambodge
XV-	Viet Nam ==> Viet Nam
XX	heavy ==> fort
XY-,XZ-	Myanmar ==> Burma
Y	yellow ==> jaune
YA-	Afghanistan ==> Afghanistan
YAO	Yaounde ==> Yaoundé
YBCO	yttrium-barium-copper-oxygen
YCZ	yellow caution zone ==> zone jaune de prudence
YD,Yd	yards
YI-	Iraq ==> Iraq
YJ-	Vanuatu ==> Vanuatu
YK-	Syrian Arab republic ==> République arabe syrienne
YMQ	Montréal ==> Montreal
YN-	Nicaragua ==> Nicaragua
YOW	Ottawa ==> Ottawa
YR,Yr	your ==> votre
YR-	Romania ==> Roumanie
YS-	El Salvador ==> El Salvador
YU-	Yugoslavia ==> Yougoslavie
YUL	Montréal ==> Montreal

YV-	Venezuela ==> Vénézuela
YVA	Moroni ==> Moroni
YVR	Vancouver ==> Vancouver
YWG	Winnipeg ==> Winnipeg
YYC	Calgory ==> Calgory
YYZ	Toronto ==> Toronto
Z	radioborne Z ==> Z beacon
Z	Zimbabwe ==> Zimbabwé
ZA	zone d'aérodrome
ZAD	zone de défense aérienne(F)
ZAG	Zagreb ==> Zagreb
ZAZ	Zaragoz ==> Saragosse
ZBZZ	China ==> Chine
ZCS	zone civile sensible(F)
ZD	zone de défense (F)
ZFW	zero fuel weight ==> masse sans carburant
ZK-,ZL-,ZM-	New Zealand ==> Nouvelle Zélande
ZLC	zone de libre circulation
ZMS	zone militaire sensible(F)
ZOC	zone of convergence ==> zone de convergence
ZP	altitude pression ==> pressure altitude
ZP-	Paraguay ==> Paraguay
ZRH	Zurich ==> Zurich
ZRR	zone à régulation radar ==> radar sequencing zone
ZS-,ZT-,ZU-	South Africa ==> Afrique du sud
ZSIV	zone supérieure d'information de vol
ZTRG	zone terminale de guidage radar
ZVA	zone voisine d'aérodrome

Cet ouvrage a été achevé d'imprimer en janvier 1997
dans les ateliers de Normandie Roto Impression s.a.
61250 Lonrai
N° d'imprimeur : 970099
Dépôt légal : janvier 1997